人生失去平衡怎么办

魏 新 ◎ 编著

**RENSHENG SHIQU PINGHENG
ZENME BAN**

北京工业大学出版社

图书在版编目（CIP）数据

人生失去平衡怎么办/魏新编著．—北京：北京工业大学出版社，2012.3

ISBN 978-7-5639-2973-3

Ⅰ．①人… Ⅱ．①魏… Ⅲ．①人生哲学—通俗读物
Ⅳ．① B821-49

中国版本图书馆CIP数据核字（2012）第003139号

人生失去平衡怎么办

编　　著	魏　新
责任编辑	陶国庆
封面设计	汝俊杰
出版发行	北京工业大学出版社
	（北京市朝阳区平乐园100号　100124）
	010-67391722（传真）bgdcbs@sina.com
出 版 人	郝　勇
经销单位	全国各地新华书店
承印单位	三河市元兴印务有限公司
开　　本	787 mm × 1092 mm　1/16
印　　张	17
字　　数	218千字
版　　次	2012年3月第1版
印　　次	2021年1月第2次印刷
标准书号	ISBN 978-7-5639-2973-3
定　　价	29.80元

版权所有　翻印必究

（如发现印装质量问题，请寄本社发行部调换 010-67391106）

前　　言

天地间的万事万物——宇宙、星际、季节、风、火、地球……它们都处于一种完美的平衡之中。你是否一直期望早日获得生活在现实与梦想间的平衡？你是否总想找到一条获得成功之后仍能尽享生活之乐的办法？你是否一直将你的自我意象与现实世界中的你匹配起来？对于这三个问题，只要你有一个答案为"是"，那么你便需要好好阅读此书。

保持生活的平衡，并不是让你的生活发生翻天覆地的变化，也不需要你放弃现有的一切，而是需要你重新调整自己的思想，在理想与现实、愿望与行为之间创造一种真正的平衡。基于此，本书阐述了生活中的平衡艺术，指明在人生的新起点和转折点如何平衡自我，指出拥有一颗童心在创造生活平衡感中的神奇作用，强调健康的心态在稀释痛苦、掌控欲望、应对孤独和减轻人生压力方面的调节力量，提出了建立工作与生活平衡的途径和方法以及选择健康生活方式的建议。编者相信，本书对当代人具有一定的参考价值和指导意义。

平衡来自于你的内在心态，而不是外在的形式。选择最适合自己的"平衡法则"，你就可以拥有健康、平衡的生活。如果你想让自己的生活回归一种完美的平衡之中，那就从当下开始，就从阅读本书开始吧！

目　录

第一章　生活是一门平衡的艺术 ………………………… 1

　1. 内心平衡是幸福的金钥匙 ………………………… 1
　2. 学会平衡是一种生活智慧 ………………………… 3
　3. 努力实现自我心理平衡 …………………………… 8
　4. 掌控情绪才能内心平和 …………………………… 17
　5. 消除恐惧与焦虑的情绪 …………………………… 20
　6. 消除抑郁，让心情愉快 …………………………… 24
　7. 如何缓解过度的紧张情绪 ………………………… 27
　8. 怎样应对生活中的丧亲之痛 ……………………… 31
　9. 不要让虚荣扭曲你的心灵 ………………………… 36
　10. 生活中最美不过平常心 …………………………… 39
　11. 掌握调节情绪的技巧 ……………………………… 41
　12. 平衡内心的十条准则 ……………………………… 45

第二章　在新起点做好自我平衡 ………………………… 49

　1. 在新起点要做好心理准备 ………………………… 49
　2. 要乐于接受新的事物 ……………………………… 52
　3. 克服站在新起点时的无助感 ……………………… 55
　4. 用行动平衡被动与主动 …………………………… 59
　5. 做好平衡理想与现实的规划 ……………………… 63
　6. 平衡好新的人际关系 ……………………………… 67

    7. 在新起点更需改变固有的习惯 …… 71
    8. 为自己规划一个成功的起点 …… 73

第三章　在重大转折中平衡自我 …… 75

    1. 理性地看待人生的转折 …… 75
    2. 把握平衡点和转折点的智慧 …… 77
    3. 化解心理冲突，应对人生转折 …… 80
    4. 在重大转折中不要颓废 …… 83
    5. 要学会坦然地面对人生低谷 …… 86
    6. 不要熄灭你的激情之火 …… 88
    7. 在重大转折时要审时度势 …… 90
    8. 明确目标才能有的放矢 …… 93
    9. 用道德理性平衡人生境界 …… 97

第四章　用童心创造生活平衡感 …… 100

    1. 放飞童心，创造生活平衡感 …… 100
    2. 遵从欢愉的本性，无忧无虑地生活 …… 102
    3. 像孩子一样微笑着生活 …… 105
    4. 相信存在美好的友情 …… 107
    5. 在爱中寻找到平衡点 …… 109

第五章　以博大的心胸稀释痛苦 …… 112

    1. 怎样正面看待人生的痛苦 …… 112
    2. 人生的痛苦可以被稀释掉 …… 114
    3. 放下执著心，从痛苦中解脱 …… 117
    4. 经历了苦楚，才能品味生活的甘甜 …… 118
    5. 完美主义是一个漂亮的陷阱 …… 120
    6. 聪明人为自己制造甘甜 …… 123
    7. 学会接受无法改变的事实 …… 125

8. 努力适应不公平的现实 …………………………… 127
9. 感谢那些伤害你的人 …………………………… 129

第六章　保持能量与欲望的平衡 …………………… 132
1. 看看自己的能量有多大 …………………………… 132
2. 开启心灵能量的七大法则 ………………………… 137
3. 不要打破现有的能量平衡 ………………………… 141
4. 人是自我欲望的囚徒 ……………………………… 143
5. 要懂得放下欲望 …………………………………… 145
6. 知道什么是你真正想要的 ………………………… 148
7. 把合理的欲望变成黄金 …………………………… 150

第七章　平衡人生的友情与孤独 …………………… 152
1. 怎样克服人生的孤独感 …………………………… 152
2. 最温馨的是人间的友情 …………………………… 155
3. 在朋友聚会中感受精彩 …………………………… 157
4. 赞美别人，让你不再孤单 ………………………… 159
5. 帮助别人，生命才有意义 ………………………… 161
6. 在宁静中享受孤独的美丽 ………………………… 162

第八章　建立工作与生活的平衡 …………………… 166
1. 找到工作和生活的平衡点 ………………………… 166
2. 不要让工作侵占你的生活 ………………………… 169
3. 选择自己最擅长的工作 …………………………… 174
4. 不间断地学习专业知识 …………………………… 177
5. 别让不良情绪影响工作 …………………………… 180
6. 尽力避免工作转行而影响生活 …………………… 184
7. 认真做好每一件小事 ……………………………… 188
8. 一次只做一件事情 ………………………………… 191
9. 不找借口拖延工作 ………………………………… 194

   10. 告别谋生式的抱怨和叹息 …………………………… 196
   11. 学会在工作中忙里偷闲 ……………………………… 200

第九章　要选择健康的生活方式 …………………………… 204

   1. 多数疾病产生于追求完美 ……………………………… 204
   2. 按照作息规律生活 ……………………………………… 206
   3. 除掉不良的嗜好和习惯 ………………………………… 209
   4. 睡眠不足危害多 ………………………………………… 212
   5. 树立科学的睡眠观 ……………………………………… 216
   6. 关于睡眠的金科玉律 …………………………………… 220
   7. 不要过"速食生活" ……………………………………… 224
   8. 饭吃八分饱有益于健康 ………………………………… 226
   9. 坚持低盐饮食有益于健康 ……………………………… 229
   10. 控制食油量有益于健康 ……………………………… 231
   11. 吃饭尽量做到细嚼慢咽 ……………………………… 232

第十章　平衡人生压力的策略 ……………………………… 235

   1. 宁静是心灵的永恒归宿 ………………………………… 235
   2. 你虽不完美，却是独一无二的 ………………………… 243
   3. 改变对待命运的态度 …………………………………… 246
   4. 学会控制人生的天平 …………………………………… 250
   5. 相信自己作出的每一次选择 …………………………… 252
   6. 给匆忙的脚找到栖息地 ………………………………… 255
   7. 提高适应能力，减轻心理压力 ………………………… 257
   8. 得到的越多，其实失去的越多 ………………………… 259
   9. 平衡的财富观是人生大智慧 …………………………… 262

第一章　生活是一门平衡的艺术

　　生活不能失去重心，生活是一门平衡的艺术。一个人要成功，要做成大事，必须用很高的自律和毅力来平衡自己。这一门平衡艺术运用得好，一个人在生活中的一切就能一帆风顺，如鱼得水。反之，当一个人与他周围的环境不能达到一种平衡的状态时，那么他将很快就要面临危险的局面。为此，本章在告诉读者平衡生活的重要意义的同时，重点阐述实现自我情绪调节的平衡之道，并且提出了相关的方法和技巧。

1.内心平衡是幸福的金钥匙

　　怎么理解"幸福"？这好像是一个哲学问题。千百年来，不同生活环境、不同文化背景的人有着许多不同的认识，不同阶级不同阶层的人也有着不同的理解，在人生不同的阶段也有不同的感知。其实幸福跟每个人的心态有关，幸福没有恒定的标准，也不可能用指标来衡量。

　　幸福其实是主观与客观相统一的东西，主观上是人们对某种美好的生活或者状态的追求，而客观上应该具有一些具体的要素，比如生活质量的某种标准。幸福应该是内在因素和外在因素的结合。亚里士多德曾说过："幸福主要是灵魂的善，但是应该有肉体的、外在的善来做补充。"比如高贵的出身、漂亮的外貌、丰富的财产以及健康聪明的子孙等，都是幸福的重要因素。

　　幸福是一种绝对自我的感觉，一种源于内心深处的平和与协调。一个

人幸福与否，过得好不好，最终都得回归自我，都得经受心灵的捶打和考问。只要你觉得自己是幸福的，你就是幸福的。

在现代社会中，有些人认为有了钱就有了幸福。财富已经成了我们这个社会、这个时代的中心，毫无疑问财富成为衡量我们物质生活质量的重要指标之一。然而，幸福感更大程度是人们的精神感受，人更重要的精神享受是不能用金钱来衡量的。你有很多的钱，你就可以买你所想要的一切吗？你的爱情受到挫折，你的婚姻遭遇失败、你在事业上总是不顺等，你用再多的钱也买不回你在这方面的幸福感。

现实的生活方式是多元化的，社会各阶层的成员都是各自在不同的圈子内活动生活着，有的人条件非常好，却活得非常苦恼；有的人条件非常差，却活得有声有色，天天乐滋滋的。由此悟出一个道理，就是幸福取决于内心的平衡与和谐。内心的平衡与和谐才是幸福和快乐的源泉。

一个人对社会、对世界的正确认识，将有助于他的幸福感的提升。关键在于他对社会、对世界的认识是阳光的，还是灰暗的；是积极的，还是消极的。幸福感本来就是人们的一种心灵感受，是我们对生活的环境、社会的满足程度。如果你对社会、对世界的认识很积极、很阳光，那么你对幸福的感受自然会更加深刻。反之，你会越来越感觉不到幸福。显而易见，幸福本来就是心灵层面的感受，智慧的人会获得更多的幸福感。

内心的平衡是幸福的金钥匙，这把金钥匙是两个字，第一个字是"爱"，第二个字是"乐"。"爱"指爱自己、爱他人、爱社会；"乐"指助人为乐，知足常乐，自得其乐。不仅要自己快乐，还要帮助他人找到快乐！

乐观的人面对任何事都很乐观，而自卑的人面对任何事都很悲观。具有乐观心态的人，即使看到不满半杯的水，也深信自己会继续快乐地生活。他们握住了这把金钥匙。持悲观心态的人看到只剩下半杯水，就感到前途渺茫、度日如年，因而消极地生活。他们丢弃了这把金钥匙。

内心平衡是金。如何做到内心的平衡呢？在生活中要多些感激，少些抱怨；多些理解，少些责骂；多些称赞，少些苛求；多些欣赏，少些诋毁。知足常乐，顺其自然，常怀感恩之心，孜孜不倦地求知、修身、养性，达到并保持内心的永远平衡，这便是人生的最高境界。

要在心里放一个跷跷板，保持内心的平衡，才能保持工作与生活的平衡。一个懂得把握平衡原则，具有成熟而良好的心理素质的人，无论在多么紧张的工作中，无论面临多无奈的境况，都知道应该怎样调整自己的心态、性格、生活节奏和工作态度，怎么体会生活中的情调和趣味，保持一种从容和风度。

我们每个人都是社会的人，没有谁是可以独立于社会的完全意义上的自由个体，从这个意义上讲，自我的幸福应该与他人的幸福相关联。再从另外一个层面上来讲，我们除了要勇于实现自我幸福，还应该积极地关注他人的幸福。在你所生活的环境中，在你所处的社会中，如果只有你一个人感到幸福，你不关注或者不在乎别人的幸福，那么，你那点儿幸福就是很不幸的幸福。幸福应该是可以与别人分享的，你获得的能够与他人分享的幸福才是真正的幸福。同样，当别人获得幸福的时候，他们也会和你一起分享。于是，你的幸福感就会远远大于你个人独自享受而获得的幸福。

2.学会平衡是一种生活智慧

人生活在现实世界中，有多少令我们心境不宁的事情。在家中，在单位，甚至走在大街上，你都会遇到许多烦心的事：孩子功课不好，又不用功；单位领导人莫名其妙地冲你发火，为一件微不足道的小事足足批评了你一小时；路上，一个行人嫌你挡了他的道，骂骂咧咧地没完没了……人们面对着外界的这些干扰，心理自然地承受着来自各方面的压力。如果缺乏情绪自控能力，就会整天为这些琐事烦躁不安。事实上，生活中有太

多的事情发生,而且不依照我们的期望毫不留情地发生。于是,焦躁不安、愤愤不平甚至绝望的情绪就会蔓延开来,淹没了自己。心情沉浸在这种情绪中,那些美好的回忆,那些曾经坚定的目标,都会随之而消逝了。

所以,不要因外界的纷扰而自乱阵脚,乱了自己生活的步子,更不要心生烦躁、忧虑、焦灼,要保持内心的宁静。当我们的内心处于平和、平衡的时候,才会有幸福和快乐的美好感觉。很多时候,我们心灵的平和与平衡,其实只需要损失一点儿无聊,舍弃一点儿应酬,控制一点儿放纵,把握一下自己的欲望,多一点儿对他人的宽容即可。当我们拥有了这样一份心灵的平和与平衡,生活的烦恼便随之消失,心灵中美丽的花朵也将灿烂绽开。

"平衡"有两大要素,一是认为这个世界是由正、负两个恰好相反的两面所组成,有正面的东西,肯定就有负面的东西。例如,有质子,就有电子与之对应,有实数就有虚数,有作用力就有反作用力,有积极乐观的情绪,也会有消极悲观的情绪,等等。同样的道理,人的精神世界也是如此。二是在正、负两极之间会自然地保持一种平衡状态。只要不超过它们承受的范围,即使受外界的干扰,平衡暂时被破坏,而当外界的干扰消失时,又能重新回到原有的平衡状态之中。

一般来说,平衡状态是最自然的状态,也是一种宁静、舒适的状态。人的平衡调节能力就像大自然的一个生态系统,比如森林,当它遭受外力的破坏和损害,遭受火灾,只要经过一段时间自我调整和休养之后,就会重新回到原有的生态平衡之中,焕发出生机和活力。只要不超过它能够承受的范围,这个过程是可以逆转的。越是好的生态系统,其自我调节能力和修复能力就越强。如果一个人能提升自身的心理调节系统,能否获得更高的调节能力呢?比如,积极的心态,通过自我激励或者其他手段,来增强自己的信心,令自己心情开朗;以良好的思维模式和习惯,凡事多向好的方面去想,不要总想着让自己不开心的事情,更多地发现自身的优点，多去寻找生活的趣事；提升自身的社交能力，学会感恩，学会善待他人，学会善待自己，等等。

有的人形象地把人生的平衡术说成是"半半哲学"。"看破浮生过半，半之受用无边"，"百年苦乐半相参，会占便宜只半"。李密庵先生在他的《半半歌》里将此人生哲学诠释、发挥得淋漓尽致、曲尽其妙。而最能得其精髓者，则非林语堂先生莫属。其所谓"我以为半玩世者是最优越的玩世者"，"我们生就一半道家主义，一半儒家主义"，便是给予了李氏"半半歌"绝妙的注脚。"经济适度宽裕，生活逍遥自在"，这就是人生之平衡智慧！

平衡的智慧在于：要装进一杯新泉，你就必须倒掉已有的陈水；要多一份体验，你就必须多一份磨炼。换一个角度来看，倒掉了一杯陈水，使你拥有了一杯新泉；失去了磨炼，你就少了体验。

著名养生学专家洪昭光先生曾说过，养生的关键在"平衡"，即在阴阳：气血、虚实、内外、动静、饮食、劳逸等各方面的"平衡"。"平衡"即和谐、对称，即不偏不倚、执其中庸，即人生处世的"黄金分割律"——刚柔相济、取舍相当、盈亏相抵、阴阳相和。

"养生"如此，"养心"更应如此。叔本华说："欲望的强化，无休止的追求，是人类痛苦的根源。"此言堪称一言中的，击中了人类"欲望"的命门。庄子说"嗜欲深者天机浅"；百姓说"人心不足蛇吞象"，其实说的是一个意思："欲望"过甚，心理易失衡，寝食不安，欲火攻心，暴病而终，不得天年。所以《黄帝内经》说"百病从心生"。

保持平衡，就要学会注意我们的感觉，注意我们生命的质量，注意我们人生中最重要的事情。下面的心理工具是我们每一个人自己都能做到的。

(1)懂得取舍

平衡的智慧就是平衡得失的智慧。世上的好东西太多,人的欲望也是太大,而人生是有限的,世界上的好东西是要不完的,人的欲望也是永远满足不了的。有些好东西不是你想要就能得到的。你要抓住自己的目标和那些最重要的东西,其他的都可以不要那么执著。有时你并不想得到某些东西,而这些东西却偏偏给你送来了。这也正是一个奇妙的规律。一个人在任何时候都不要让自己活得太累,这就需要减轻心理负担,平衡心理。只有把一些东西放在天平的一端,把另一些东西放在相反的一端,这样人生才不会失去支点而坠入黑暗;这样人生才能洒脱、快活而不累。

社会上有的人干得很多,体力上疲劳过度,精神上却轻松愉快,一点儿也不感到累。有的人干得并不多,体力上并没有疲劳过度,精神却长期处于紧张疲惫的状态中,他们感到很累。精神疲劳过度,才是真正的累。如果不想累,想过得轻松一些,过得舒适一些,那就不妨清心寡欲一点儿,除了必要的东西,其他东西就少要一点儿。这就是"有得必有失"的简单道理。

(2)要灵活运用,保持身心一致

虽然任何法则是无形的,但每一个人要保持心态平衡,就要保持一种良好的信念和价值观,这才是平衡法则的核心。比如,我们在网络上发表文章,与朋友们交流,看新闻大事,网络上有太多的精彩要我们去欣赏。这就是形成网瘾的原因。我们深知这种网瘾是可以自己戒掉的,之所以这样沉迷于网络,只是没有找到平衡点而已。也许运用平衡法则能够解决这个问题。

我们做某件事或不做某件事,是由我们的信念和价值观所决定的,相信值得就做,相信不值得就不做。然而在现实生活中,我们往往不去做我们认为应该做的事情,反而是经常去做不应该做的事。那是因为我们意识中有一套价值观，而潜意识里却是另外一套。当意识和潜意识中的价值观不一致的时候，我们就会处在相互矛盾或做事情总是三分热度的状态。

我们提出的方法与建议是，设定自己的意愿，将我们的意识和潜意识中互相矛盾的价值观整合起来，达到身心一致的状态。矛盾、冲突的状态使我们原有的力量互相抵消，而设定意愿就能将两者整合。当我们身心一致去做某件事的时候，将可以发挥我们所有的潜能，同时，我们也会有很不同的精神面貌。

（3）注意效果导向

意愿会使我们将注意力集中在我们要做的事情上，而不是浪费在我们不需要的事情上，还会让我们专注于效果而不是问题本身。关注目标与效果导向，这是许多成功人士持有的生活态度。

（4）要进行必要的练习

一是用纸、笔写下自己的三个目标及意愿，比如自己人生中比较重要的事情。二是检查自己的意愿是否有看到、听到和感觉到的情境。三是两个人一组，交换写上意愿的纸，互相念给对方听。在听同伴念自己的意愿的时候，闭上眼睛，注意自己的呼吸与自己的感觉连接，感觉内心的感觉，确保在这个过程中自己心里的感觉是舒服的。四是如果有不舒服的地方，就要修改意愿，直到完全舒服为止。

只要你愿意这样做，那么，你就能给自己一个快乐的心境，保持自己生活的平衡。

3.努力实现自我心理平衡

心理平衡是指人们心理上的一种和谐、安宁，相对稳定的情感状态。实际上，人们不可能总是处于平衡状态的。因为人的主观条件和外部的客观环境的变化都会对人们造成直接或间接的影响，使原来的平衡状态被打破，代之以另一种心理状态，即以"应激"来调整这种不平衡状态，从而达到新的平衡。

当人们处于主、客观条件的变化之中，就会通过自身的调整，使某些消极的情绪状态缓解或消除，内心又会产生新的平衡。为实现自我心理平衡，应该努力做到以下几个方面。

（1）用自信战胜自卑

自信是指一个人相信自己、对自我力量充分估计的情绪体验。一个人如果缺乏自信，看不到自己的力量或低估自己的力量，久而久之就会产生自卑心理。自卑的结果往往使可能变成不可能，使不可能变得毫无希望。应该按照以下方法去培养自信心。

一是以积极的心态面对现实。积极的心态能使人产生积极的思维，从而增强自身的力量，这种自身的"积极的力量"可以使人梦想成真，不断产生良性循环，最终使人建立起自信心。

二是充分认识并发挥自己的长处。人人都有巨大的潜能。每个人都应当看到自己的长处和优点，并以赞赏的心态对待它，这样就会在自己的内心树立起一种自信心，相信自己会成功，一定成功。

三是不断地突破已有的知识和经验的范围，开阔自己的视野。通常视野开阔的人的思维更敏捷，办事更果断；知识丰富的人对生活更加充满热情和信心。因此，人们应该更多地亲身体验社会生活，更广泛地学习现代科学知识。知识能给人以力量和信心。一个人能力的大小，与他所掌握知识的多少有关，"无知必然无能"。一个人有了坚实的知识基础，他的能力也就会得到较好的发展，他就会觉得自己有战无不胜的力量。

四是从容地面对人生。所谓从容，是指人的沉着镇定的表情、举止、言谈和坦然处世的外在表现。从容面对人生的人，他们往往生活得潇洒、轻松。他们不会因自己的外貌丑陋而拒绝谈美，不会因自己有某些缺陷而消极，不会因受到宠爱而得意忘形、忘乎所以，不会因某些流言飞语而举步不前，也不会去讨好权势而谄媚。一贯从容的人，从不为自己的平凡而叹息，从不为自己的默默无闻而忧伤，从不为己不如人而内疚，即使一时失败也毫无怨言。

五是要有坚强的信念和远大的抱负。在实现自己的理想与抱负过程中，如果遇到挫折就不再努力，其结果往往是增加"自己无能"的感觉，产生恶性循环。因此，一个人不论做什么事，只要目标定下来，就要坚定不移地走下去，经过各种磨难之后，最终定能成就一番事业。有些人经常问自己："我能做些什么？"答案是：先从容易的事情入手。我们应当经常保持一种"自我良好"的感觉，在这种感觉下，认为自己能做什么，会做什么，就放手去做。久而久之你就会发现，自己本来是很了不起的。

六是广交朋友，积极做人。英国哲学家培根说过："没有真正的朋友，乃是最纯粹、最可怜的孤独。"一个人孤苦伶仃，离群索居，便会顾影自怜，必然会渐渐地由郁郁寡欢发展到极度自卑。俗话说，"广交友为荣，广交友为富"。朋友的鼓励、信任、安慰、支持，会给人以强大的克服自卑心理的勇气和信心。

（2）用自尊克服虚荣

自尊心能使人自爱、自信、自强不息。如果丧失自尊心，则会使人自轻、自贱甚至自暴自弃。人人都有自尊心，人生如果失去自尊，生命就

失去了存在的价值。虚荣心强的人往往将名利得失作为支配自己行动的内在动力，常常依据他人对自己的评价而生存。

用自尊克服虚荣，必须做到以下几点。

一是要宽宏大度。俗话说："将军额头能跑马，宰相肚里能行船。"宽宏大度的人不会计较别人对自己的一点儿小小的过失，不会计较别人对自己的某些不礼貌的行为，也不计较暂时的一得一失，从而征服别人，最终赢得别人对自己的尊重和信任。

二是努力作出成绩。一个人只要为社会、为集体尽了责任，作出了贡献，取得了成绩，就必然受到人们的尊重，得到人们的信赖，也就得到良好的声誉。

三是善于尊重别人。"欲取之，必先予之"，礼尚往来。要想得到别人的尊重，必须首先尊重别人。一个懂礼貌、讲礼仪、谦虚谨慎、行为得体的人，必然会受到人们的尊重与爱戴。

四是不走极端。一个人若缺乏自尊、自爱，就会麻木迟钝，毫无主见，人云亦云，随波逐流，不讲原则，甚至低三下四，缺乏必要的人格。一个人若自视清高，就会唯我独尊，目空一切，盛气凌人，自以为是，以自我为中心，从不承认和正视自己的缺点。这种人的心理是很不健康的。

五是要有一颗平常心。一个人能够宠辱不惊，以平常心态对待生活、学习与工作，就会消除不必要的心理压力。摆脱虚荣心的干扰，无论是在一帆风顺、春风得意时，还是在不尽如人意时，只要调整好自己的心态，保持平常心，就能克服虚荣心。

六是敢于暴露并正视自己的缺点和不足。我们应向世人展示一个真实的自我。唯有真实才是美的。敢于追求真实的自我，敢于暴露并正视自己的缺点和不足，就会生活得无拘无束、潇洒自如、轻松愉快。

（3）用上进心战胜消极心态

上进心是形成健全人格的重要心理品质，也是成功者必备的心理素质。消极心态是指人的欲望、需要或目标没有实现时，心理上出现的极度失望、压抑等情绪体验。

要用上进心战胜消极心态。一是通过心理的自我调适培养健康心理，树立上进心。心理健康的一个重要标志就是具有稳定的情绪和积极健康的心态。人们在生活、工作和学习中遇到失败、失意、困难、挫折和不幸时，都是通过自我心理调适来使自己摆脱困境，重新树立起生活的信心和勇气。因此，心理自我调适是树立上进心的重要途径。

二是用理想强化上进心。理想是增强上进心的动力和源泉，远大的理想可以强化人的上进心，产生一种强大的精神动力，从而帮助人们到达理想的彼岸。现代心理学创造了许多办法来训练、培养人的上进心，比如心理治疗、团体咨询、敏感性训练等。当一个人通过训练形成了良好的个性品质后，成就的动机就会提高，就会产生强烈的上进心。

三是确立恰当的期望值。不切实际的期望值越高，失望也就越大。因此，每个人确定自己的理想目标必须从自己的实际情况出发，同时又要有客观可能性。那些超越社会现实和自己实际能力，不切实际的可望而不可即的目标，必然使人产生挫折感而导致消极的心态。

四是增强心理的承受能力。"不以物喜，不以己悲。"一个人在顺境中要冷静、清醒、客观，不可狂妄自大，忘乎所以；在逆境中不怨天尤人，不悲观丧志。有一句格言说得好：失败对于弱者是绊脚石，使人怯步不前；失败对于智者是垫脚石，使人站得更高。无数事实证明，脆弱的心理承受能力是成功的大敌。

（4）用竞争意识消除忌妒心理

在现代社会中，竞争尤为激烈。通过竞争，整个社会生机盎然，充满活力；通过竞争，人们积极进取，更加勤奋地学习与工作，更加努力地创造和奋斗。忌妒则是人们对品德、才能等各个方面比自己好的人所产生的羞愧、愤怒、怨恨等复合的情绪状态。这种消极心理一旦产生，轻则对对方猜疑、不满，进而疏远，甚至不予理睬；严重者则会失去理智而诽谤对方，使对方受挫、失败而感到快乐，从而使双方过去的友谊变成仇恨。

我们要克服与防治忌妒心理。一是淡化自我，不求虚名。忌妒心受一个人的世界观、理想、信念、思想境界的制约，其要害和实质是突出自我，处处事事以自我为核心，总想着自己的荣誉和利益。因此，一个人应该正视自我，既要积极进取，又不要贪图虚荣。只要调整好了自己的心态，就可以逐渐克服忌妒心理。

二是虚心好学，迎接竞争。虚心好学的人会看重别人的优点与长处，而有忌妒心的人则只盯着别人的短处。实际上，每个人都各有长短，要摆脱忌妒心，就应该虚心地向他人学习，增加自己的真才实学，欢迎人们之间的竞争，在竞争中互相促进、提高。

三是严于律己，珍惜友谊。人贵有自知之明，要正确地认识与评价自己，客观地对待自己，严格地要求自己，自律严谨，不轻易原谅个人的过失，勇于正视并克服自己的缺点。对别人则要宽宏大度，珍视友谊。对别人的成绩和进步要由衷地感到高兴。要想别人成为自己的朋友，自己先要成为别人的朋友。当与别人发生矛盾或纠纷时，要善于站在对方的角度考虑问题，求大同，存小异，缩小分歧，消除误会。善于理解并谅解他人的人，才能被别人理解和谅解。人总是生活、工作在群体之中，群体中的每个人都各有长短，峰高谷深，各有千秋。人们应该善于相互愉悦，善于欣赏并接纳他人，善于发现他人之长，学习他人之长，才能被他人欣赏和接纳。

（5）用愉快消除忧虑

愉快与乐观之间有着必然的联系。一个对人生积极乐观的人，必然经常处于轻松愉快的情绪体验之中。忧虑的人有各种表现，比如无精打采、厌食、乏力、失眠、郁郁寡欢，甚至惊恐不安。过分忧虑的人在性格上会出现怯懦的表现。

我们要用乐观愉快的心理消除忧虑怯懦的心理。一是客观地分析自己感到忧虑的事。当一个人感到"忧虑"、"烦恼"的时候，应该静下心来，分析一下自己的思路，了解自己到底在"忧虑"什么、"烦恼"什么。

二是学会达观、自我安慰和自我调节。所谓达观，是指懂得人生与社会的辩证关系。"十全十美"、"万事如意"、"一帆风顺"等都只不过是一种良好愿望和美好的祝愿。实际上，万事都按照自己的主观愿望发展是不可能的。中国有句古语说：人之逆境十之八九。法国作家大仲马曾经说过："人生是一串无数大大小小烦恼组成的念珠，达观的人总是笑着捻完这串念珠的。"因此，一个人不必把一时的挫折失意看成是永久的不如意。

三是相信自己，坚持行动，不怕挫折与失败。怯懦的性格的最大特点是过分的畏惧与害怕。实际上，一个人越是怕失败，就越不敢行动，越不敢行动，也就越会失败。如此恶性循环，怯懦就会加深。因此我们应该培养自信，勇于承担责任，不要怕失败。相信自己，就是相信成功。

四是更多地注意和发扬自己的闪光点。我们每一个人的身上都有许多优点，只是我们一再忽略了它们，而把目光放在自己的缺点、不足和一些不愉快的事上。我们应该善于发现和发扬自己的闪光点，来弥补自己的不足。正如美国成功学家卡耐基所说："算算你的得意事——而不要理会你的烦恼。"

五是培养正确的人生观与价值观。人的乐观、愉快的情绪体验，受其人生观和价值观的影响和支配。一个人只有树立了正确的人生观和价值观，才会有乐观、愉快的情绪体验。一个人如果没有远大的理想、正确

的人生观和价值观，那就很难保持乐观、愉快的心情，也就难以克服生活和工作中的挫折与困难。

（6）用宽容摆脱狭隘

宽容大度、胸怀坦荡的健康心理品质，能使人笑傲人生、积极进取。心胸狭隘的人对他人缺乏理解、信任和安全感，甚至怀有敌意，这种人无论在生活上还是在事业上，往往会酿成许多苦涩和悲剧。

我们应该学会用宽容摆脱狭隘。一是人要贵有自知之明。北宋文学家苏轼曾经说过："人之难知，江海不足以喻其深，山谷不足以配其险，浮云不足以比其变。"这话的意思是说了解人很难。实际上，知人难，知己更难。自我认识的浮浅，往往是导致心胸狭隘的重要原因。因此，我们应该向古今中外的伟人学习，借鉴先进模范人物的为人处世方法，同时向身边的优秀人物学习。

二是积极地开展社会交往活动。在社会交往活动中，我们要学习理解和信任他人，摆脱狭隘和猜疑，努力做到真诚相见，以诚交心，肝胆相照；主动帮助别人，以心换心；要与人为友，不以人为敌；要尊重别人，感谢别人，"己助予人，不索以酬，人助予己，必酬于人"；要学会忍让和耐心，克制自己的感情冲动，不能让敌对的火苗烧晕了头脑。

三是拥有博大无边的心怀。法国浪漫主义大师雨果说过："比陆地更广阔的是海洋，比海洋更广阔的是天空，比天空更广阔的是人的心灵。"只有心灵才是博大无边的。因此，我们要不断地丰富自己的内心世界，只有让自己的内心世界丰富了，才会更加宽厚地待人。

（7）用诚实守信消除虚伪欺骗

诚实守信是高尚的人格和道德品质的重要标志，人们都喜欢和诚实守信的人交往。虚伪是一种消极的个性心理特征，是人们普遍反感的一种不健康心理，因为它既害人，又害己，是一种极不道德的心理状态。

我们要用诚实守信消除虚伪欺骗。一是维护自我尊严。虚伪欺骗的人，不能正确地认识自己，既对自己不诚实，也不尊重他人，常以谎言欺骗他人。这种人往往目中无人、妄自尊大，不顾及别人的需要和利益。一个人首先应该自尊，即尊重自己，既不向别人卑躬屈膝，也不允许别人歧视、侮辱自己。自尊的人大多能客观、诚实地观察事物，诚实守信，敢于正视并纠正自己的错误，既不自卑，也不虚伪欺骗。

二是发挥良心的内在监督作用。所谓良心，就是指个人对使命、职责和义务的自觉意识和自我评价，是各种道德心理因素的有机结合。一个人在培养诚实守信、克服虚伪欺骗心理的过程中，良心有着重要的监督作用，它时刻提醒防止虚伪和欺骗的心理萌生。

三是建立和谐融洽的人际关系。融洽和谐的人际关系能给人带来美好的享受、愉快的情绪体验和社会心理需要的满足。诚实守信的人能从全局考虑，给对方以尊重、信任、理解、友谊和帮助，因此他们会获得良好的人际关系；虚伪欺骗的人往往抱着反抗、怀疑、虚假、自私、拒绝、炫耀的态度与人交往，因此难以获得融洽的人际关系。

（8）掌握心理平衡的技巧和方法

为了使自己的身心得到平衡，我们应掌握以下六种技巧和方法。

一是善于移情。所谓移情，是指能够理解和感受别人的情感。移情源于对他人痛苦的模仿，以此激发自身的同样的感受。移情虽然能够感受他人的痛苦，但并不沉溺于他人的痛苦之中。移情在人生的广阔领域中发挥着重要作用。

二是对己、对人不过分地苛求。每个人都有自己的追求、抱负、目标，当然应当是自己力所能及的。否则，好高骛远，想入非非，不切实际，目标太高就难以实现，必然是自寻烦恼。其实每个人做事不应追求

十全十美。有句广告词说得好："没有最好，只有更好。"事情总是相对的。一个人对自己的评价、要求应恰如其分，就会不断取得成绩，心情也就自然更加舒畅。另外，对别人也不要过于苛求，不要把别人对自己的帮助看做是天经地义的，也不要要求别人十分完善。对别人期望值过高，失望也就越大。古人说："待人不宜刻，刻则思效者去。"意思是说，待人不宜太苛刻，否则，那些本来想帮助你的人也都离你而去，这样必然使自己陷入烦恼。

三是多为别人做事。帮助别人做事，不但能使自己忘却烦恼，而且可以实现自己的人生价值，同时也可以获得友谊。人们常说，雪中送炭，会让人铭记在心。你为别人做了好事，对方对于你的感激之情虽不溢于言表，也会使你心境轻松平静。做人不要老想去占别人、占社会的便宜，便宜占不着时就"闹心"。其实占着后早晚会有一天吃大亏，更闹心。因此俗话说"吃亏是福"。要与人为善，成人之美，多交朋友，少树对立面，这样心情自然悠闲轻松。

四是在同一个时间内只做一件事。心理学的研究表明：一个人同时面对很多急于处理的事情，会使其精神压力很大而造成忧思、精神过度紧张和焦虑不安，最终使其心力交瘁，疲惫不堪。为减少精神负担，我们在同一时间内只做一件事。饭要一口一口地吃，事要一件一件地做。只有按照事情的轻重缓急科学地安排时间，才能保持精神的愉快与轻松。

五是不要事事处处与人相争。如果我们事事处处与人相争，就会经常处于精神的紧张状态，每日每时总有一种如临大敌之感。人与人之间应该以和为贵，只要你不把别人看成对手，别人也就不会与你为敌。有三个字可使我们得到启迪。一是"忍"。即要善于忍耐和克制自己的不良情绪以及欲望。否则，小不忍则乱大谋。二是"让"。人与人之间的一切矛盾，归根结底无非是"名利"二字。在名利得失上互相谦让，自然也就心平气和。三是"度"。即为人宽宏大度，得理让人，虚怀若谷，不记私仇，不耿耿于怀。心胸宽阔、容事容人，包罗江海乃至天地，自然也就容易使自己的心理得以平衡。

六是自省、自悟，自我感受与体验。一个善于保持心理平衡的人，就是一个高情商的人。一个高情商的人，实际上就是一个具有高尚道德情操的人。一个人的高尚道德情操，从根本上来说，是靠自己的刻苦学习、努力修养、不断实践、反复内化得来的。这就需要我们自省、自悟，不断地刻苦学习、自我感受和体验。

4.掌控情绪才能内心平和

美国密歇根大学心理学家的一项研究发现，一般人的一生平均有3/10的时间处于情绪不佳的状态，因此，人们常常需要与那些消极的情绪作斗争。

情绪变化往往会在我们的一些神经生理活动中表现出来。比如，当你听到自己失去了一次本该到手的晋升机会时，你的大脑神经就会立刻刺激身体产生大量起兴奋作用的"甲肾上腺素"，其结果是使你怒气冲冲、坐卧不安，随时准备找人评评理，或者"讨个说法"。

当然，这并不意味着你应该压抑所有这些情绪反应。事实上，情绪有两种：消极的和积极的。我们的生活离不开情绪，它是我们对外面世界正常的心理反应，我们必须做的只是不能让我们成为情绪的奴隶，不能让那些消极的心理左右我们的生活。

消极情绪对我们的健康十分有害。科学家们研究发现，经常发怒和充满敌意的人很可能患有心脏病。哈佛大学曾调查了1600名心脏病患者，发现他们中经常焦虑、抑郁、脾气暴躁者比普通人高三倍。因此，可以毫不夸张地说，学会控制你的情绪不仅是你职业和事业的需要，也是你生活中一件生死攸关的大事。

在日常生活中,情绪好像是一种很难控制的东西,很可能因为一件小事激起我们很强的情绪,也可能在我们不知不觉中情绪就销声匿迹。是这么个来无影去无踪的孙行者,我们真的能控制它吗?如果把情绪及其相应行为的产生看做是一个过程的话,那么在整个过程中,我们都可以发挥我们自己的主观能动性,不让情绪肆虐,理智地操控着它。

寻找情绪释放的出口,捕捉情绪惊人的力量,这样你才能了解真正的自己,了解自己的灵魂,真正实现内心的平和。为此,我们应该做到以下几点。

(1) 寻找原因

当你闷闷不乐或者忧心忡忡时,你所要做的第一件事是找出产生这种情绪的原因。当你找出问题症结后,不仅消除了你内心的焦虑,还可能由于你工作出色而被委以更重要的职务。

(2) 尊重规律

加州大学心理学教授塞伊说:"我们许多人都仅仅是将自己的情绪变化归之于外部发生的事,却忽视了它们很可能也与你身体内在的生物节奏有关。我们吃的食物、健康水平及精力状况,甚至一天中的不同时段都能影响我们的情绪。"

人的情绪变化是有周期的。塞伊本人就严格遵循着这一"生物节奏"的规律,他往往很早就开始工作,他说他"写作的最佳时间是早上",而在下午,他一般都用来会客和处理杂事,"因为那时我的精力往往不够集中,更适合与人交谈"。

(3) 睡眠充足

睡眠不足对我们的情绪影响极大。对睡眠不足者而言,那些令人烦心的事更能左右他们的情绪。一个成年人的睡觉时间应该稳定在每晚八小时左右。人们在睡眠充足后心情最舒畅，看待事物的方式也更乐观。

（4）亲近自然

许多专家认为，与自然亲近有助于人们心情愉快和开朗。假如你不可能总到户外去活动，那么，走到窗前眺望一下青草绿树也对你的心情有所裨益。密歇根大学心理学家开普勒做过一个有趣的实验，他分别让两组人员在不同的环境中工作，一组的办公室窗户靠近自然景物，另一组的办公室则位于一个喧闹的停车场，结果前者比后者对工作的热情更高，更少出现不良的心境，其工作效率也高得多。

（5）经常运动

有效地驱除不良心境的自助手段还可以借助健身运动。哪怕你只是散步10分钟，对克服你的坏心境都能收到立竿见影的效果。研究人员发现，健身运动能使人的身体发生一系列的生理变化，其功效与那些能提神醒脑的药物类似。比药物更胜一筹的是，健身运动对人是有百利而无一害。不过，要做到效果更加明显，你最好是从事有氧运动，比如跑步、做体操、骑车、游泳或其他有一定强度的运动，运动之后再洗个热水澡则效果更佳。

（6）合理饮食

大脑活动的所有能量都来自于我们所吃的食物，因此情绪波动也常常与我们吃的东西有关。《食物与情绪》一书的作者索姆认为，对于那些每天早晨只喝一杯咖啡的人来说，心情不佳是一点儿也不足为怪的。索姆建议，要确保你心情愉快，你应养成一些好的饮食习惯：定时就餐（早餐尤其不能省），限制咖啡和糖的摄入（它们都可能使你过于激动），每天至少喝6～8杯水（脱水易使人疲劳）。

据最新研究表明,食用碳水化合物更能使人心境平和、感觉舒畅。马萨诸塞州大学的营养生化学家詹狄斯·瓦特曼认为,碳水化合物能增加大脑血液中复合胺的含量,而该物质被认为是一种人体自然产生的镇静剂。各种水果、稻米、杂粮都是富含碳水化合物的食物。

(7)积极乐观

我们周围的环境从本质上说是中性的,是我们给它们加上了积极与消极的价值,问题的关键是你倾向选择哪一种。有位心理学家讲了一个他自己的故事:"有一天,我的秘书告诉我,你看起来好像不高兴。他自然是从我那紧锁的双眉和僵硬的面部表情看出来的。我也意识到确实如此,于是,我便对着镜子改变我的表情。嘿,不一会儿,那些消极的想法便没有了。是啊,生命短暂,我们何苦又要自寻烦恼呢!"

5.消除恐惧与焦虑的情绪

现代心理学追溯到人们童年时代隐秘的记忆,揭示了人们恐惧感的真正心理根源。很多人在童年时代过着忧虑不安的生活,有时候独自一人会感到非常恐惧;而有时候却远远地避开人群,害怕进入他们的圈子;有时候一想到会失去别人的爱与尊重,就会战栗不已,害怕遭到别人的轻视和抛弃……现代心理学对这些病态现象作出了很好的解释。如果一个女人害怕爱,感情就会枯萎,她就会变得像一尊冷漠的大理石像一样;如果一个男人害怕成功(实际上,我们许多人都是害怕成功的),他便会过着醉生梦死的生活,耗费着自己的青春。现代人陷入了一种群体性的恐惧之中,仿佛害怕自己变得更加成熟,害怕自己取得成就。如果一个人的灵魂承受着恐惧和负罪感的折磨,那么他就是让自己陷入失败!

对于恐惧和焦虑，弗洛伊德认为有正常和病态两种状态：当一个人置身于非洲丛林，看见蛇他感到恐惧，这是很正常的事，这种恐惧感将有助于加强保护自己的意识。如果一个人居住在自己的房间里也会感到莫名的恐惧，以为一条蛇正潜藏在房屋中的地毯下面，那么，他的这种恐惧就是病态的恐惧，是不正常的，就会给他的精神和性格造成巨大的危害，造成人格的扭曲。弗洛伊德的理论对理解人类的心理，消除恐惧与焦虑的情绪极有帮助。

事实上，我们的许多焦虑，就像弗洛伊德所说的地毯下的蛇一样，是幻想出来的。过度的害怕和病态的恐惧会让我们失去活力，降低我们的工作效率，使我们的精神发展得极不健全。这就像我们的内分泌腺激素一样，它本是调节我们生理活动的，适量的激素会促进我们的健康，而一旦过量，就会对我们的身体造成危害。

我们生活在一个并不安全的世界中，每个人的一生中都会遇见无数的恐惧和焦虑。未来的世界是不可预知的，为了能够在这个世界中存活下去，我们必然会感到恐惧和焦虑。人的气质千差万别，对待同样的事情，人们的情绪反应是不一样的。尽管恐惧和焦虑因个人气质不同而有着各种各样的表现形式，但毋庸置疑的是，所有的人在某种程度上都曾感受过内疚，承受过孤独，他们对痛苦充满恐惧，向往内心的安宁。

精神病学家告诉我们如何正确地处理所遭遇的恐惧和忧虑，最重要的一点就是要正视这种情感，不要回避。如果我们不及时地解决我们恐惧和焦虑的根源，它们就会一直占据着我们的精神世界，时不时地打破我们心灵的宁静。那么，在一个物欲横流的时代中，如何正确地克服自身的恐惧与焦虑呢？

（1）说出自己的感受，借助外力消除恐惧与焦虑

我们感到恐惧和焦虑时，我们都希望能够得到治疗和缓解。我们可以

向自己的好朋友、同学、同事或者体贴的亲人倾诉我们内心的感受。有时候却需要精神病学专家的专业指导。然而很多人却羞于说出自己的心理困境，怕因此暴露了自己的弱点，他们拒绝别人的帮助，所以他们固执地独自承受着内心的恐惧和忧虑。这种羞于说出自己的真实感受的做法显然是不可取的。

（2）接受自己，改变自己

如果我们想要控制自己的恐惧和焦虑，我们就需要从他人那儿接受帮助，要学会正确地看待自己、接受自己，既要看到自己的局限，也要看到自己优点和才能。人的心情不可能全是快乐的，当一些不舒适的情感产生之后，我们一定要学会去接受它们；人的情感世界不可能是完美无缺的，我们要学会容忍自己的不足之处，这样才能获得心灵上的宁静。

事实上，每个人都是有局限的，我们必须承认自身的局限性，并坦然地面对它们。我们必须认识到，我们能够做到的事情，别人不一定能够做到，我们能够作出别人不能作出的贡献。我们要坦然地接受自身的局限。从另一个方面来说，生活是丰富多彩的，我们可以改变自己的生活方式。这二者并不矛盾。生活的美妙之处在于，只要我们活着，就可以不断地发展自己。我们不应该未老先衰，让生活过于死板、僵化，而应该发挥创造精神，积极主动地创造新的生活。我们可以交新朋友，学习新技能，投入到新的事业中去。我们要学会接受自己——我们在某些领域一定是行家能手，而在另外一些领域却可能会力不从心。

我们不仅仅要接受自己，还要学着改变自己。在人的一生中，我们可以不断地从自己身上汲取新的力量，改变自己。天才并不多见，我们当中的绝大多数人是平凡的，但我们可以运用自己的才能，从平凡的生活中寻求不平凡的意义和乐趣。每个人的内心中都潜伏着某种恐惧，我们不必因此而为自己哀叹，应该接受自己感情上的脆弱。真正的智者既能看到自身的局限，也能看到自身的优势，他们有足够的勇气去面对生活中的苦与乐，积极地投身到生活中去，快乐地过好每一天。我们不要再做无益的唉声叹气，也不要因为过去的失败而一蹶不振。我们完全有能力驾驭自身的力量，去影响他人，激励他人，改造社会，积极地投入到伟大的事业中去。这样，我们不再感到恐惧，不再沉溺于自我，我们感受到的是自由，是真正的自我解放！

（3）不要对自己要求过高过严

追求卓越，向往成功，这是人类的本性，无可厚非。然而我们又是如何误入心灵歧途的呢？我们不是将过多的精力用来创造真正的成就，而是无端地耗费在神经质式的内在消耗中。许多人并不了解自己内心的深层次的动力，却总是受着外界环境的刺激，一辈子都在为物质做苦工。他们会这样想："我今后将有足够的金钱、足够的权势，来与你们分庭抗礼，甚至将超过你们。"他们以此定下自己的奋斗目标，其实无异于与虚无缥缈的梦幻竞争。所以，他们通常得到的东西并非自己真正想要的东西，并未取得真正的胜利，他们怎么可能快乐起来呢？

心理学家认为，对自己要求过高或过严都是错误的。很多人认识到了这一点，从而走出了心灵的阴影。比如，一个诗人写的十四行诗不如莎士比亚，他没必要因此而责怪自己；一个音乐家谱的曲子没有贝多芬谱写的乐曲那样的震撼力，他也不会因此而看不起自己。我们知道如何去接受自我，我们会为自己的每一个进步而欢呼。如果我们是诗人或者音乐家，我们不会因为自己的艺术水平不及巨人而自惭形秽、止步不前，也不会看轻自己的艺术才华。房子、珠宝、汽车、债券和股票，所有这些外在的财富，我们虽然可以用此来达到某种心理上的平衡，但是它们并非我们人生中的真正目标。我们在追求物质财富的时候，应该有所节制，这样才会体会到真正的心灵宁静。我们不要树立一个虚假的目标，而应该

确定一个成熟的、符合内心真实想法的目标，并将自己的创造力投入到这个目标中去。唯有如此，我们才能避免对物质利益的病态崇拜。只有保持这样的人生态度和心境，我们的人格才会真正地成熟起来，我们才会感到幸福和快乐。

如前所述，我们可以理性地认识恐惧的根源，克服恐惧感，或者通过坦然地接受自我来化解恐惧感。此外，我们还可以通过努力工作来克服恐惧感。通过工作，我们将恐慌感转化为一种创造性的力量，我们走出以自我为中心的封闭世界，不再自哀自叹，积极地实现自我的人生价值，创造了一个美好的社会。工作给予人们以财富、安全和自由。我们要学会承受不可避免的事情，对于能够改变的，我们要积极地去改变。这便是消除恐惧与焦虑情绪最有效的办法，这便是人生的智慧，这便是平衡人生压力的最佳策略！

6.消除抑郁，让心情愉快

要想心情愉快，就必须消除抑郁，因为抑郁症是现代人容易出现的一种病态，其相同点就是寡言少语、情绪低落、失眠苦闷、孤独寂寞。人们有时候有这样那样的病痛，可就是查不出原因，有时候情绪低落，对平时喜欢的事也提不起兴趣。因为抑郁症和许多内科疾病的临床表现相似，所以经常容易被人们忽视。

有些人可能正受这些症状的困扰，例如腹痛、腹泻、便秘；失眠、早醒或只想睡觉；头痛、背痛、躯体各种疼痛；食欲下降，体重减轻；情绪低落，对平时喜欢的事提不起兴趣；胸闷、胸痛、心慌、期前收缩；特别容易疲劳，休息之后也不能缓解；注意力不集中，记忆力减退，等等。这些都有可能是抑郁症的表现。

据一份相关调查报告介绍，抑郁症是一种常见疾病，每10位男性中就有一位可能患有抑郁；而女性则每5位中就有一位患有抑郁症。抑郁症严重地困扰着患者的生活和工作，给家庭和社会带来沉重的负担，约15%的抑郁症患者死于自杀。世界卫生组织、世界银行和哈佛大学的一项联合研究表明，抑郁症已经成为中国的第二大疾病，然而由于认识不足，绝大部分的抑郁症患者没有得到正确的诊断治疗。

那么，应当怎样认识并消除抑郁症，让自己快乐起来呢？

（1）正确认识抑郁症

有了抑郁症并不能说明你心胸狭窄，也不能说明你品质低劣或意志薄弱。人的心理和生理一样，都有一个周期反应，都会出现伤风感冒。抑郁症与感冒没有什么区别，它只是一种普通的疾病。中国人对心理健康的观念比较淡薄，对健康的认识基本上还只是停留在生理健康的层次，所以一谈到抑郁症就大惊小怪。其实没有这个必要。有了抑郁症，也不是见不得人或低人一等，更不是如做了什么亏心事一般。事实上，神经衰弱基本上就是抑郁症。既然你能勇敢地说自己得了神经衰弱，为什么就不能告诉别人你得了抑郁症呢？这就是一个观念问题。

抑郁症不是精神分裂症，精神分裂症基本上很难治愈，而且会复发。抑郁症不会发展为精神分裂症。你感到抑郁，说明你不具备精神分裂的素质，这其实是一个好的信号，这辈子你想精神分裂都分裂不了。抑郁症也容易让人走上极端，这是不容忽视的。因此要及时治疗抑郁症，这是必须引起我们重视的大问题。只有认识到抑郁症的危害，我们才会主动自觉地消除抑郁症。

从某种意义上说，有抑郁症正好可能说明你是优秀的忧国忧民的栋梁之才。其实，任何天才都是抑郁的。抑郁症对你的发展很可能是件好事，因为它让你陷入反思和内省，很有可能使你达到比以前更高的层次。所以，

> 第一章 生活是一门平衡的艺术

如果你真的感到抑郁，不要认为自己是不幸的。这正是"塞翁失马，焉知非福"。

（2）心病还要心药治

抑郁症不是绝症，完全可以治好，只要知道病因就可以对症下药。抑郁症患者由于带上了有色眼镜，所以常常悲观绝望，甚至有厌世心理。其实，这是人们在不理性状态下的不理性想法。如果他们摘下有色眼镜，就可以看到明天会更美好。需要说明的是，抑郁症不是终身携带的，往往是在一段时期患病。只要遇到开心事，抑郁症就会不治而痊愈。所以有抑郁症的人再回头想想自己原来的感觉时，都会觉得好笑。

治疗抑郁症的秘方就是保持愉快的心情。保持愉快的心情的方法有很多种，畅所欲言就是其一。在广交朋友的过程中，把心里话都说出来，抑郁情绪就自然消除。

要保持愉快的心情，就要加强运动或户外活动。这对减轻抑郁症是大有好处的。当你看到蓝天绿水，闻到袭人的花香，听到悦耳的鸟鸣，心情会自然好转。另外，注意调节饮食，按时睡眠休息，对消除抑郁症都很有帮助。

我们每天要都保持愉快的心情，对任何事情都要想得开，看得透，望得远。因为对于我们来说名利早就失去了意义，任何悲痛也只是暂时的，我们不会因为发生任何悲伤而抑郁。相反，我们的心情会更加愉快，会振奋精神，努力把自己的事情做好。

要相信一切都是会好起来的，明天会更美好。当然我们很清楚人的一生是很短暂的，要以只争朝夕的精神把自己的事做得好些，让自己的心情愉快点儿，那是完全可能的。

7.如何缓解过度的紧张情绪

在这个快节奏、高效率,充满竞争与挑战的时代里,我们常常会受到内外环境的强烈影响,出现情绪上波动和生理上变化,从而产生过度的紧张情绪。

过度的紧张情绪是一种心理压力。要想知道自己是否承受着压力,不妨问问下面这几个问题:

是不是经常显得不耐烦、暴躁、焦虑、易怒?

是不是睡眠品质较差,失眠,经常打哈欠、发困?

是不是健康指数明显下滑,经常感到不舒服,容易发生感冒、头痛、胃痛、消化不良、溃疡、记忆力下降等?

是不是经常体验到神经性抽搐或肌肉痉挛,很难放松,腰酸背痛?

是不是情绪容易沮丧、低落,波动大,情感倒错,对现状与未来感到无能为力,有挫折、空虚的感受?

是不是人际关系变得不和谐,容易与人发生冲突,说话冷言冷语,感情迟钝,对自己和他人的评价都倾向于负面的描述?

一个人不可能没有压力,如果以上的判断持肯定的占多数时,那就是一个警钟,是承受着压力心理不健康的表现。过度的紧张情绪导致的心理压力,需要采取下列的方法来缓解情绪,排解压力。

(1)面对现实

现实生活是极其复杂的。每个人都有自己的理想和抱负,都对自己有所要求。当然这种要求应该建立在实际的、力所能及的基础上。人们之所以感到工作、生活受到挫折,往往是因为自我目标难以实现,感到自卑失望。过高的期望只会使人误以为自己总是倒运而终日忧郁。有些

人是"完美主义者",对任何事都希望十全十美。然而世界上的一切事情都不可能尽善尽美。所以我们应该调整自己的生活目标,客观地评价事情、评价自己,得意时坦然,失意时泰然,在积极向上、努力进取的同时,拥有一颗坦然面对成功与失败的平常心,才能使自己心情舒畅。

在现实社会中,每个人都有各自的性情、品格和所长所短,别人不会都来迎合你的意思,就像你自己也未必去符合别人的要求一样。对任何一个人来说,对别人的要求越高,自己的不满情绪就会越大。如果对别人的要求降低的话,那么别人稍微符合你的愿望,你就会得到满足。所以,我们既不要苛求自己,也不要苛求别人。

(2)宣泄法

宣泄法是一种将内心的压力排泄出去,促使自己身心免受打击和破坏的方法。通过宣泄内心的郁闷、愤怒和悲痛,可以减轻或消除心理压力,避免引起精神崩溃,恢复心理平衡。对于有些人来说,"喜怒不形于色"不仅会加重紧张情绪的困扰,还会导致某些心身疾病。因此,疏导、宣泄紧张的情绪是自我调节的一种好办法。

一位运动员受到教练训斥后很沮丧,不久便引发了胃病,经过药物治疗也不见效。心理学家建议说,让他在训练中把球当做教练员的脸狠狠地打。这个运动员采用此法,他的胃病果然好多了。这种不损害他人,又有利于排解紧张情绪的自我宣泄法,可以供我们借鉴。

不过这种宣泄应该是合理的。简单的打砸、吼叫,迁怒于人,找替罪羊,比如,向丈夫、妻子、孩子、同事发牢骚,说怪话都是不可取的。宣泄应是文明、高雅,富有人情味的交流。有人说:"一份快乐由两个人分享会变成两份快乐;一份痛苦由两个人分担就只剩下半份痛苦。"

如果把自己的烦恼、痛苦埋藏在心底里,那只会加剧自己的苦恼。如果把自己心中的忧愁、烦恼、痛苦、悲哀向你的亲朋好友倾诉出来,即使他们无法替你解决问题，你也会得到亲朋好友的同情或安慰，你的烦恼或痛苦似乎就减少一半了，你的心情就会感到舒畅。在该哭的时候就痛痛快快地哭一场，释放积聚的能量，调整机体的平衡，犹如大雨过后有晴空，心中的紧张情绪会一扫而光。

（3）注意转移

注意转移的原理是在大脑皮层产生一个新的兴奋中心，通过相互诱导，抵消或冲淡原来的兴奋中心（即原来的紧张情绪中心）。当你与人发生争吵时，你马上离开这个环境，去打球或看电视；当悲伤、忧愁情绪发生时，你先避开该对象，不去想它或将它遗忘掉，你可以消忧解愁；在余怒未消时，你可以通过运动、娱乐、散步等活动，使紧张的情绪松弛下来。你有意识地转移话题或做别的事情来分散注意力，也可使情绪理到缓解。例如，司马迁惨受宫刑而著"史家之绝唱，无韵之离骚"——《史记》，歌德因遭遇失恋写出了世界名著——《少年维特之烦恼》。

我们应该多接触令人愉快、使人欢笑的事物，避免或忘却一些不愉快的事。与其"不懈奋斗、孜孜以求"，最后"衣带渐宽"，面容憔悴，不如潇洒一些，干点快乐的事。我们在面对困境、情绪懊丧时，不妨从相反方向思考问题，这样能使我们的心理和情绪发生良性的变化，得出完全相反的结论，使我们战胜沮丧，从紧张情绪中解脱出来。

（4）运用体育运动缓解压力

众所周知，体育运动能缓解压力，让人保持良性的、平和的心态。这是因为人们通过参加体育运动，特别是自己擅长和喜爱的运动项目，使身体发热，血液循环加快，血管扩张，能使工作所带来的神经紧张、精神疲乏、情绪紊乱得到积极的调节。在进行复杂体育运动的过程中，自己与周围同伴默契配合和与对手斗智斗勇的拼搏会产生一种美妙的快感，

这种快感不仅会使自己产生自尊、自信、自豪，消除忧虑，舒畅心境，而且还会使自己内心充满欢喜，享受乐趣。科学实验证明，体育运动能使人体产生一种腓肽激素，这种激素能愉悦神经，调节心理，让人感觉到高兴和满足，把压力和不愉快化作烟云而远离于个体。所以人们把人体产生的腓肽激素称为"快乐因子"。

一般来讲，体育运动对于缓解压力是十分有效而无副作用的良"药"，持之以恒的体育运动参加者都能体会到运动后的轻松、愉快，精力充沛和紧张度松弛。我们不要等到自身健康出现危机时才运用体育运动来化解压力，而应该天天进行体育运动，做到当天的压力当天解决。上面谈的仅仅是理想状态，在现实中，有不少人只是在工作中遇到压力、生活中遇到烦恼的时候，才选择参加体育运动来排解不愉快的情绪。

需要提醒大家的是：带着太大的压力或紧张情绪进行体育运动，不仅起不到减压的作用，反而会导致精神紧张、身体疲劳。人们带着太大的压力和紧张情绪参加体育运动，由于思绪纷乱，注意力难以集中，很容易出现运动损伤等意外。同时，参加者为了急于消除紧张情绪，往往刻意选择那些大运动量的激烈的运动项目，企图以分泌"汗水"的方式来释放全部压力和紧张情绪。其实，激烈而大运动量的运动不仅会造成身体疲劳，而且还会使紧张的神经更紧张。这样做不仅排解不了压力，而且还会使糟糕的情绪更加糟糕。

那么，怎样才能通过体育运动缓解心理压力呢？

一是参加一些运动量小、缓和而沉稳的运动项目，比如，慢跑、打太极拳等，使心情平静下来，然后再逐渐地过渡到大运动量的运动。如果心理压力是来源于工作上的，那么就参加一些以集体配合为主的运动，比如，篮球、排球、毽球等。通过这些运动，在集体协作、默契配合中享受愉悦、快乐、幸福，使忧烦的情绪得以排解。

二是变换运动环境。人都有一种求新求异的心理，变换环境其实就是满足这种心理。一旦环境变化，就会对缓解人们的心理压力起到意想不到的效果。比如，经常在室内工作的人，到户外去爬山，到小树林里去跑步，会感觉轻松愉快。

三是运动前调节好心理。在运动前调节心理，有利于在运动中更好地释放心理压力。比如，在安静的地方闭目养神，做几次深呼吸，对着镜子对自己进行鼓励，听一听喜欢的音乐，转移注意力，以达到最好的放松、减压的效果。

四是运动时必须想到让呼吸匀称，注意阳光、天空和风，使身体有新的感受，让思想腾飞。

五是不要固定进行某一项体育锻炼，而应该交替进行多项体育运动。如果只从事某一项体育运动，则易引起单调感。进行不同内容的体育运动，既能改变情绪，又可扩大视野，在精神上、身体上都会得到好处。

六是运动后吃碱性食物。正常人的体液一般呈弱碱性。人在体育锻炼后，感到肌肉、关节酸胀和精神疲乏，其主要原因是体内的糖、脂肪、蛋白质被大量分解，在分解过程中，产生乳酸、磷酸等酸性物质。这些酸性物质刺激人体组织器官，使人感到肌肉、关节酸胀和精神疲乏。此时应食用牛奶、豆制品、蔬菜、水果等碱性食物，中和体内的酸性成分，用以缓解疲劳，当然也有利于调节紧张情绪。

8.怎样应对生活中的丧亲之痛

悲痛就是悲伤哀痛，表示悲哀伤心到了极点。在人生旅途中，每个人都会经历这种极致情感，尤其是在失去至亲的时候。这是无法回避的事实。既然无法回避，就要理性地应对。其实，这也是我们在人生中需要做好平衡的一件事情。

那么，当不幸来临失去至亲的时候，我们怎样才能缓解和消除由此带

来的刻骨铭心的伤痛呢？

（1）将你内心中的悲伤如实地宣泄出来

在人生中面临失去至亲的悲痛，千万不要因为你的强烈情绪而感到羞愧，也不要害怕因为精神过度紧张而导致身心的崩溃，你现在感觉到的痛苦恰恰是你以后能够健康痊愈的必经之路。对丧失亲人而言，朋友这时候能起到的作用就是要对他的悲痛产生共鸣，而不是去转移他的注意力。这是朋友在他痊愈期间应该采取的办法——寻求机会与他谈论一些关于死者的事情，和他一起回忆死者的美德和品质，把他从悲痛中引导出来。

（2）必须从对死者的回忆和幻想中解脱出来

比如，一对夫妇在一起工作，和睦相处，共同奋斗，相互分担着彼此的成功和失败，都希望这种婚姻模式能够永远地存在下去。如果其中的一人不幸离世了，这一美满的婚姻就出现了一个令人伤痛、无法弥补的空缺。死亡是突如其来的事实，让存活着的一方从刻骨铭心的伤痛记忆中摆脱出来，开始新的生活，是一个非常漫长的过程。他（她）会整天幻想着爱人能够重新出现在自己的面前，尽管这种想法根本不可能实现。如果生者能够勇敢地将失去爱人的痛苦和孤独承受下来，他（她）就能够咬紧牙关，超越悲伤，而不是去躲避和压抑它，他（她）的精神就会很快地趋向平衡，生活也会很快地恢复正常。

语言是一种具有魔力的天赋的能力，它能够与药物配合治愈那些承载过重的心灵的创伤。向别人去倾诉吧！说一说逝去的爱人对你的重要性，这样，你就会逐渐地承受住丧偶之痛。

从另外一个角度而言，我们总是生活在各种各样的人际关系之中。和快乐的人在一起，我们会感到快乐；和智者生活在一起，我们也会变得充满智慧；和著名的画家在一起，我们也会体验到艺术的崇高和唯美。我们每个人都是一座大矿藏，里面有着丰富的矿产，等待矿工去开采。

我们每个人都有着不同的潜能，等待我们的朋友、同事以及爱人来挖掘，开发潜能可以将我们的热情、智慧和才能变成现实的力量。然而，许多人在失去亲人的痛苦岁月中都在犯这样一个错误：他们将自己矿藏的大门紧紧地关闭起来，并把朋友拒之门外。他们不可能想到，正是这些新朋友和新同事能够从自己的矿藏中挖掘出名贵的矿产。如果你整日郁郁寡欢，陷入悲痛之中而不能自拔，那么你的矿藏最终会慢慢地荒废，最后，只剩下了破败的蜘蛛网挂在未被开采的矿坑上。

离世的人已经无法在生活的钢琴上演奏出优美的旋律了，但是生者不应该因此而将琴键锁起来，不要让钢琴在生活的角落里布满灰尘。我们应该去寻找那些热情洋溢的艺术家，那些新的朋友，他们或许能够帮助我们再次踏上新的人生之途。在这条道路上，他们将和我们一道肩并肩、手拉手地前行。我们要积极地与他人在语言上交流，逐步寻找机会显露自己的性情，从而确立起同他人交往的新方式，开始新的生活。这就是我们所说的第二条原则。照着此原则行事,我们不仅能够治愈生者的创伤，而且还能够告慰死者的在天之灵。

（3）丧亲之痛的修补策略

如果死神将我们一条非常重要的人际关系纽带斩断了，那么我们就去寻找另外一个人，用来全部或部分地修补这一关系。这是非常必要的一件事情。

> 失去至亲至爱的人都是非常希望自己能够回到与过去相同或

第一章 生活是一门平衡的艺术

相似的生活环境中去，都必须或多或少地恢复这一纽带。例如，一位失去幼子的母亲，体验着世界上最大的悲伤和痛苦。她和她的孩子都依赖于这一纽带，都还没有成为独立的个体。这时孩子离开了人世，这位母亲就好像失去了自己身体上的一部分，失去了一只眼睛或一条腿。这一悲剧发生后，她和她的儿子之间的这种爱的关系必须通过某种方式重新确立。

怎样才能修补这一关系呢？我们应该鼓励这位母亲去托儿所工作。幼儿园园长和心理学家应该引导这位母亲，让她将在母子关系中确定的那种行为模式转移到照顾一群孩子的工作中去。如果母亲很快地去领养了一个孩子，以此弥补失去儿子所造成的情感缺失，也是一种明智的选择。然而将爱迅速地转移到一个陌生人身上，她在潜意识中会觉得这种做法是对逝去的孩子的一种不忠诚，这个领养的孩子可能会成为这位母亲潜意识中强烈的敌对情绪的牺牲品。假如这位母亲去托儿所工作一段时间，去照顾那些孤苦的孩子们，就会将她潜意识中的敌对情绪在一个比较大的圈子内淡化。这才是一个比较明智的做法。当深度的心理创伤逐渐愈合后，她可以去领养一个孩子或者再生育一个孩子，这样才会将那份成熟无私的爱献给新的孩子。

这里所说的只是一个比较典型的例子，它说明了人们在失去至亲时应该采取的办法。这是一个在固有的亲密关系错位、破裂后进行修复的过程，也是一个寻找新的生活模式、使之与原先被死神所破坏了的生活模式相连接的过程。

（4）勇于直面悲剧

我们必须勇于直视人生中的各种悲剧，不要奢望已被造成的心理创伤能够奇迹般地愈合。死去的人如果在天有灵，是不愿意看见生者在空虚、悲痛、自暴自弃或自怜自悯中过活的。如果我们能够果断、无畏地面对现实，是能够做到死去的亲人所期盼的一切的。

《圣经》里说："当耶路撒冷的第二大庙宇被破坏之时，很多犹太人都厌倦了生活。他们整日处于一种低迷的状态，为死去的儿子和女儿以及化为灰烬的庙宇而痛不欲生，不吃不喝。"约瑟告诉他们："孩子们，我理解你们不得不去悲伤，但千万不要过度地悲伤。"为什么？因为伟大的犹太圣贤说了，人不应该总是沉湎于过去，而是应该着眼于未来；只要我们一息尚存，我们就应该听从宗教的召唤，追求幸福的生活。

今天，我们必须将这些理智的教诲牢记在心中。如果我们深爱的人离我们远去了，我们应想到，在他们病重的时候，我们已经照顾和服侍了他们好多年了，我们对此问心无愧。我们应当再去寻找那些需要我们关爱和照顾的人，他们也需要我们的爱。这种爱的奉献是治愈我们创伤的辅助药品，它能够帮助我们走出情感的低谷。如果我们的儿子、兄弟或者丈夫在争取自由的战争中不幸牺牲了，我们应该化悲痛为力量，积极地投入新的工作中，完成他们未竟的事业。我们应该接过他们手中的旗帜，充当他们的信使和代言人，去完成他们毕生为之奋斗过的事业。他们活过，努力过，笑过，付出过，虽然以后的日子他们不再和我们一起度过，但我们要前仆后继，更加努力，实现他们的遗愿。

总之，假如我们遭受到丧亲之痛，首先应该将这种悲痛宣泄出来，而不是去压抑它，这样我们在往后的日子里才能够开始新的生活。其次，让亲朋好友帮助我们去寻找一些与过去相近的生活样本，培养一些新的兴趣，这些能够用来弥补死者在我们心中留下的空缺。当然，这样的过程不可能毫不费力、自然而然地完成，我们必然会度过一段孤独、空虚的日子。在这段日子中，我们会绝望至极，对世间的事务缺乏任何的兴趣。即使是在程度很轻的悲伤中，我们也要尽快地走出阴影，重新燃起对生活

第一章 生活是一门平衡的艺术

的热情火焰。

9.不要让虚荣扭曲你的心灵

虚荣是指表面上的荣耀、虚假的荣誉，是并不存在的好的事，是一些人对自身的外表、学识、作用、财产或成就表现出的妄自尊大。心理学家认为，虚荣心是一种被扭曲了的自尊心，是自尊心的过分表现，是一种追求虚浮表象的性格缺陷，是人们为了取得荣誉和引起他人注意而表现出来的一种不正常的社会情感。

有虚荣心是一种普通的心理状态，无论古今中外，无论男女老少，穷者有之，富贵者亦有之。一个人一旦被虚荣冲昏了头脑，为了获得满足虚荣的快感，常常会丧失理智，不顾后果。这种人一般有两种，一是不择手段，努力使自己比别人强，强过别人之后，在与别人的差距中获得快乐与满足；二是当受条件所限，无法使自己比别人强时，就会在与别人的差距中感受折磨与痛苦。

虚荣心强的人，其实活得很累，因为他们是生活在极度的自尊和极度的自卑之间，没有中间地带。"死要面子活受罪"，这是一句颇为流利的俗话，很大程度上概括了这种人的心理和行为。正如法国作家格格森所说："虚荣心很难说是一种恶行，然而一切恶行都围绕虚荣心而生，都不过是满足虚荣心的手段。"看过《射雕英雄传》的人都应该知道，裘千仞的孪生哥哥裘千丈完全是被虚荣心害死的。《孟子》中所说的有一妻一妾中的齐人（娶两个老婆的）是非常经典的虚荣心案例，一直被世人所耻笑。

在现实生活中，由于科技的发展，社会的进步，人们的生活水平日益提高。有些人越来越看重金钱和物质，越来越不容易满足现状，他们在生活中感到压抑的概率是过去的几倍，压抑感使得他们的心理变得复杂、脆弱，进而产生虚荣心，导致攀比严重，加剧心态的失衡，有的甚至变得贪婪、情绪失控。

虚荣心较强的人总想胜人一筹。总想自己的地位要比别人高，名气要比别人大，提升要比别人快，装修要比别人豪华，穿着要比别人时髦，工资想比别人多。为了达到这些目的，这些人会比别人更加辛苦地去奋斗，去苦干，去想方设法，甚至不择手段。可是欲望是永无止境的。于是没完没了地攀比和较量，他们渐渐失去了原本可以拥有的闲暇、轻松和快乐，身心变得越来越紧张和疲惫，生活在别人的话语中和尺度里，生活在虚荣的桎梏中。他们原本想过得比别人好，然而结果却适得其反，严重的也许会走向深渊。

心理专家认为，摆脱虚荣的桎梏要做到以下几点。

（1）要认识到虚荣心可能带来的严重后果

一般说来，一个虚荣心很强的人，由于很难意识到自己的虚荣，更不肯承认自己的虚荣，所以更无从克服自己的虚荣。因此我们要正确地认识自己，清醒地分析虚荣的危害。其实，虚荣是一种虚假的荣誉，它可能能够带给你一刻的满足，暂时地填补一下你空虚的内心，一旦虚假的表象过去，剩下的就只是沉重的包袱，你就会痛苦不堪。只有正确地认识什么是虚荣，懂得虚荣将会带给自己什么样的危害，你才能够下定决心来克服虚荣。

（2）要培养自己脚踏实地的精神

过分虚荣的人往往都想不劳而获，缺乏脚踏实地、实事求是的思想和作风。他们的情绪十分暴躁，能满足自己的虚荣心时就热情高涨，一旦虚荣心落空，他们的情绪就会落进无底的深渊。因此，一个人要克服虚荣心，就要一切从实际出发，用知识、才学来充实自己的内心，来培养

自己良好的心理品质。

（3）做真实的自己

人们很容易掉进自己设置的陷阱，这个陷阱就是虚荣。过分虚荣让人变成无头的苍蝇，他们明明知道自己的行为没有任何意义，但是由于虚荣心在作祟，依然蝇营狗苟，结果除了悔恨还是一无所有。比如有的女孩子动不动就去做整形手术，今天做个双眼皮，明天垫个高鼻梁，后天去隆胸，然后再抽脂……如此做其实也是一种爱慕虚荣，这样的女孩子除了有一个漂亮的脸蛋，一无可取。

观察现在社会上那些张嘴就谈装扮，动不动就标新立异的人，其实这种人并没有什么个性可言。很多时候，一个过分虚荣的人所追求的只不过是名不副实的荣耀，而最终得到的只不过是虚假荣誉背后带来的羞辱。

人们应该在交往中学会做最真实的自己，不必带着伪装的面具生活，也不必在人际交往中为了和别人攀比而虚荣。

消除虚荣心是有法可循的，只要你平心静气地观察一下自己，不要贪婪地盯着成功，对任何人都以诚相待，这样你就会远离虚荣，彻底地摆脱虚荣的奴役。

（4）克服贪婪的私心

虚荣的人往往很在乎个人的得失和荣誉，根本不顾及别人的感受和评价，只要是能给自己带来好处、带来荣誉的机会，他们一定不会放过。他们的超强的自我表现欲，争强好胜而不计后果，是一种极其贪婪的自私心理的表现。所以，铲除虚荣心，克服贪婪的私心是非常重要的。

人应贵有自知之明，要满足现状，要用比上不足、比下有余的心态去排除烦恼，寻找自己的满足感，求得心理上的平衡。要脱掉虚荣的外套。日子是自己过的，别人代替不了你，你也代替不了别人。凭借自己的能力，按照自己的方式去实实在在、轻松自如地过好自己的每一天，这才是人生的真谛。脱掉虚荣的外套吧！面对现实，知足常乐，寻回自我，不要攀比，不必活得那么累。

10. 生活中最美不过平常心

平常心是我们在日常生活中平和地对待周围所发生的事情的一种心态。持有这种心态需要具备一定修养，平常心属于一种维系终身的"处世哲学"，更是我们平衡人生重心所应持有的"常态"心理，诸如不争不贪、知足常乐、不苛求事事完美、从容淡定等心态。对老年人来说，最美不过夕阳红；那么对职场人士来说，最美不过平常心。

人世间的许多事情，往往是说起来容易做起来难，即使是圣人，也食人间烟火，面对各种诱惑也有难以把持自己的时候。比如，单位里有个空位子需要有人去做，朋友推荐给你一个大把大把赚钱的机会，自己的条件可以竞争一个荣誉称号，等等。如果说对此一点儿也不动心，那是虚伪的。然而，在动心之后能迅速地冷静下来，这就是平常心的作用。想想有那些会怎样，没有那些又能怎样，"家有千金，无非一日三餐，屋有百间，无非放床一张"。你只要这么一想，也就心静如水了。

（1）要保持一颗平常心，就要有稳坐钓鱼船的气度

生活犹如汪洋大海，大海是不可能风平浪静的。人生之舟不可能为此浪而不出海，出海的时候，平常心就是最好的风帆。我们很多人都是经过风雨的人，在每一次风雨飘摇之时都安全地度过了。这得益于什么呢？得益的就是一颗平常心。"天不下雨，天不刮风，天上有太阳"那只是一句歌词，真的不下雨、不刮风就不是天了。只要你在天底下，碰上风雨

是难免的。任它下,任它刮,风雨过后不还是一片艳阳天吗?

英雄们一般都具有越是风浪大,越是往风浪里钻的气概。我们可能天生不是当英雄的料,平生最缺的就是这种英雄气概,所以也就很有自知之明地不去争当什么英雄好汉了。我们使用的是最古老、最原始、最保险的办法:风雨来的时候,"以躲进小楼成一统",待风雨折腾够了,背着手缓步踱将出来,口中念道:嚯!好一片蔚蓝的天空啊!

(2)要保持一颗平常心,就要有自我反省的雅量

有的人常常对这样一些事情耿耿于怀。比如,自己得势的时候,门庭若市,朋友呼啦一大帮;不得势的时候,门可罗雀,没有一个朋友来找你。于是他就心理不平衡,大骂世态炎凉,感叹人走茶凉,结果弄得自己不是上火,就是感冒,有时候血压还噌噌地往上升。其实这种事情很正常。李白有首《把酒问月》:"今人不见古时月,今月曾经照古人。古人今人若流水,共看明月皆如此。"意思是月亮古今相同,而人事变化是无常的。是啊,人所得的情况不一样,就需要有不一样的思维。

其实,如果仔细地想想,还是能想通的。当你得势的时候,别人找你是求你办事,现在你又帮不了人家了,人家不来凑合你也很正常。如果再冷静下来往深处想一想,问题恐怕还是出在自己身上:当初你交朋友的标准是什么,为什么会交这样一帮朋友呢?你这么一想,心里可能就好受多了。

(3)要保持一颗平常心,就要有一个海纳百川的胸怀

小地方的人去大城市,往往会感到很自卑。大城市里有的人会管小地方的人叫"乡巴佬",大部分人对此是很反感的。说实话,任何一个人听到别人叫自己"乡巴佬",都会觉得很难堪。然而,一个有海纳百川胸怀的人被人称作"乡巴佬",就会联想到我们每一个人的祖辈都是"乡巴

佬"。人家叫自己"乡巴佬",有什么不好呢?事实上,大城市的人也好,小地方的人也罢,其实都来自于乡下,而乡下是我们的根和魂所在。顺着这个思路想下来,心里一定是美滋滋的!

还是具有一颗平常心好!然而当事情摆在自己面前的时候,有些人就很难把持自己了。因为他们往往本末倒置、轻重不分,对无关痛痒的东西看得重如泰山,而对须臾不可缺少的东西却又看得轻如鸿毛。我们不妨更实际一些,把名誉地位看得轻一些,把健康快乐看得重一些。虽然名誉地位是生活的一部分,但不是全部。在这个世界上,对每个人来说,重要的东西很多,比如,亲情、爱情、友情、金钱、地位、名誉,等等。我们的任务就是在这些都很重要的东西里面挑选出最重要的,这就是健康和快乐。可能有的人不这样想,那也没有关系,你走你的阳关道,我过我的独木桥。各得其所吧!

我们没有必要刻意地让自己保持一颗平常心,因为我们的人生法则就是顺其自然。我们应该告诫自己:让自己的眼睛永远紧紧地盯住远方!

11. 掌握调节情绪的技巧

擦亮双眼,看清世事百态;洗净耳根,聆听世人心声。及时地调节自己的情绪,是每个人必须具备的技能。在日常生活和工作中,当我们意识到自己处于不良情绪的骚扰和包围之中时,可以运用下列技巧调节自己。

(1) 转移

当我们受到无法避免的痛苦的打击时,长期沉浸在痛苦之中既于事无补,不能解决任何问题,又影响自己的工作,损害我们的健康。所以我们应该尽快地把自己的注意力集中到那些有意义的事情上去,集中到最

能使你感到自信、愉快和充实的活动上去。这一方法的关键是尽量减少外界的刺激，尽量减少负面的影响和作用。

一般情况下，能对自己的情绪产生强烈刺激的事情，通常都与自己的切身利益有很大的关系，要很快将它遗忘是很困难的。我们可以进行积极的转移，或者主动地去帮助别人，或者找知心朋友谈心，或是找有益的书来阅读，要使自己的心思有所寄托，不要使自己处于精神空虚、心理空旷的状态。那些在不愉快的情绪产生时能很快地将精力转移他处的人，不良情绪在他们身上存留的时间就很短。

（2）解脱

解脱，就是换一个角度来看待令人烦恼的问题。我们从更深、更高、更广、更长远的角度来看待问题，对它作出新的理解，就会跳出原有的圈子，使自己的精神获得的解脱，就能把精力全部集中到自己所追求的目标上。

解脱不是消极地宽慰自己。其实，解脱有更重要、更积极的一面。我们的很多烦恼是因为自己心胸狭窄，只看到自己眼前的一点儿利益或身边的几件事，没有从更广的范围、更长远的角度来想，常常为一些非原则的小事而忽略了生活中的大事。积极地解脱是把长远利益放在首位，抛开区区小事，全神贯注地追求自己的远大目标。

（3）升华

升华，就是利用强烈的情绪冲动，把自己的情绪引向积极、有益的方向，使之具有建设性的意义和价值。人们常说"化悲痛为力量"，就是升华自己的悲痛情绪。其实，不只是悲痛可以化为力量，其他的强烈情感也都可以化为力量。比如，化愤怒为力量，化仇恨为力量，化教训为力量，化鼓励为力量，等等。

世界上最值得赞美的行为之一就是发愤图强、不断进取、升华自己。这种升华是人类心灵所迸发出来的最美的火花，也是人类赖以生存和发展的重要的情操。著名心理学家弗洛伊德把情绪升华看做是最高水平的自我防御机制，他认为只有健康和成熟的人才有可能实现情绪的升华。

（4）利用

这里所说的利用，就是我们常说的"把坏事变成好事"。一种利用是对时机和客观条件的利用。一个使我们感觉苦恼的强制性要求，如果能巧妙地对其加以利用，就有可能使我们在精神上感到自己由被动转化为主动，进而可以使烦恼变为怡然自得、乐在其中。

还有一种利用，就是对情绪本身的利用。比如把情绪化为情趣加以利用，说得更为具体一些，就是"嬉笑怒骂，皆成文章"的意思。诗人利用涌现的激情写出了流传千古的诗篇；作曲家则当他的灵感来潮时，谱出动人心弦的乐章。当自己真挚的感情强烈地涌现时，我们应当抓住它做一些有益的事。

（5）疏导

疏导，就是理智地消解不良的情绪。我们首先必须承认不良情绪的存在。其次，我们要分析产生这一情绪的原因，弄清楚究竟为什么会苦恼、忧愁或愤怒，弄清自己所苦恼、忧愁、愤怒的事物是否确实可恼、可忧、可怒。如果实际上并不是这样，那么我们的不良情绪就会消解。如果确实有可恼、可忧、可怒的理由，那么我们就要寻求适当的方法和途径来解决它。比如，如果你因为对客户把握不大，对能不能完成任务感到焦虑不安，你就要积极地把精力转移到做好充分的准备工作上来，减轻自己的忧虑。

对于"疏导"法运用得炉火纯青的莫过于庄子了。他的妻子去世了，

第一章 生活是一门平衡的艺术

他不但不悲伤，反而"鼓盆而歌"，他认为人来自于虚无，又归于虚无，没有比这更自然而然的事情了，在这种事情上产生悲伤的情绪是没有必要的。

（6）发泄

我们需要将不良的情绪发泄出去。比如，当你发怒时，不如赶快跑到其他的地方，或是用拳头捶击墙壁，或是找个体力活儿干一干，或是跑一圈，这样就能把盛怒的情绪释放出来，从而使心情平静下来。在你过度痛苦时，不妨大哭一场。哭也是释放积聚能量，调整机体平衡的一种方式。

（7）自我激励

用生活的哲理或明智的思想来安慰自己，鼓励自己同痛苦和逆境进行斗争。自我鼓励是人们积极生活的动力源泉之一。一个人在痛苦、打击和逆境面前，只要能够有效地进行自我鼓励，他就会感到力量，就能在痛苦中振作起来。

（8）语言暗示

当你被不良情绪压抑的时候，可以通过言语暗示的作用来调整和放松心理上的紧张状态，使不良情绪得到缓解。语言是一个人情绪体验强有力的表现工具。通过语言可以引起或抑制情绪反应，即使不出声的内部语言也能起到调节作用。林则徐在墙上挂有"制怒"二字的条幅，就是用语言控制调节情绪的好办法。在松弛平静、排除杂念、专心致志的情况下，进行这种自我暗示，对情绪的好转大有益处。

（9）请人引导

有时候，不良情绪光靠自己独自调节是不够的，还需借助于别人的疏导。心理学研究认为，人们在心理压抑的时候，应当有节制地发泄，把闷在心里的一些苦恼倾倒出来。因此，当你有了苦闷的时候，可以主动地找亲人、朋友诉说内心的忧愁，以摆脱不良情绪的控制。

（10）环境调节

环境对人的情绪、情感同样起着重要的影响和制约作用。素雅整洁的房间，光线明亮、颜色柔和的环境，能够使人产生恬静、舒畅的心情。相反，阴暗、狭窄、肮脏的环境，会给人带来憋气和不快的情绪。因此，改变环境也能起到调节情绪的作用。当你在受到不良情绪压抑时，不妨到外面走走，看看美景，大自然的美景能够开阔胸怀、愉悦身心，对于调节人的心理活动有着很好的效果。

12. 平衡内心的十条准则

关于平衡内心的问题，卡耐基在多本著作中都提到过。他认为，人们内心的失衡大多由于欲望膨胀所致，只有善于调控自己的欲望，享受并且珍惜自己所拥有的，人们才能享受内心的平衡和喜乐。

渴望荣华富贵的人永远都不会满足，他们每天都在不停地追逐和奔波，至于何时能够达到自己理想的生活状态，他们并不知晓。可是，难道只有拥有荣华富贵的人才能幸福吗？人们不停地忙碌，追逐幸福，可是什么时候才能到达终点，静下心来享受人生的乐趣呢？知足的人会告诉你：随时。你随时都可以感受到来自生活的幸福，前提是你懂得知足。用积极乐观的心态去面对生活，即使是在经历痛苦，也能做到心满意足。

一位少妇回家向母亲倾诉，说自己的婚姻很糟糕，丈夫既没有钱，也没有好的工作，生活总是周而复始、单调无味。母亲笑

着问:"你们在一起的时间多吗?"女儿说:"太多了。"母亲说:"当年,你父亲上战场,我每天期盼他能早日从战场上凯旋,与他整日厮守。可惜,他在一次战斗中牺牲了,再也没有回来!我真羡慕你们能够朝夕相处。"母亲的泪水一滴滴掉下来。渐渐地,女儿仿佛明白了什么。

一群男青年在餐桌上谈起自己的老婆,说老婆总是对他们管束得太严,几乎失去了自由。他们说着说着便狂饮如牛,扬言回家要和老婆斗争一番。邻桌一位的老叟一直在默默地倾听。他起身向他们敬酒,问:"你们的夫人都是本分人吗?"男青年们点头。老叟叹了一口气,说:"我爱人当年对我也是管得太死,我愤然与她离婚,以至于她后来抑郁而终。如果有机会,我多希望能当面向她道歉,请求她时时刻刻地看管着我。小伙子,要好好珍惜缘分呀!"男青年们望着神色黯然的老叟,沉默不语,若有所悟。

一位干部因为人员分流,从领导岗位上退了下来,一时间委靡不振。妻子劝慰他:"仕途难道是人生的最大追求吗?你至少还有学历和专业技术,你还可以重新开始你的事业呀!你一直是个善待生活的人,我并不会因为你不做领导而对你另眼相待,在我的眼里,你是我的丈夫,是孩子的父亲。我告诉你,亲爱的,我现在甚至比以前更加爱你。"丈夫望着妻子,久久不语,眼里闪烁着晶莹的泪光。

一位盲人在剧院欣赏一场音乐会。交响乐时而凝重低缓,时而明快热烈,时而浓云蔽日,时而云开雾散。盲人惊喜地拉着身边的人说:"我看见了,看见了山川,看见了花草,看见了光明的世界和七彩的人生……"

一个失聪的孩子在画展上欣赏着一幅幅作品。他仔细地看着，目不转睛，神情专注，忽然转身，微笑着大声地对旁边的父母说："我听到了！听到了小鸟在歌唱，听到了瀑布的轰鸣，还有风儿呼啸的声音……"

当你感觉内心有些失衡的时候，试试一下十条平衡内心的准则，相信你能从中受益，并开始萌生一股新的力量：

（1）克服虚荣心理

做到自尊、自重，绝不能为了一时的虚荣心而牺牲人格去换取浮华的东西。要知道，物质生活再富足，也无法弥补心灵的空洞。

（2）不要指望用金钱买到快乐

人们赚取金钱的多少，与快乐的多少没有什么联系。快乐与否，其实在于人们对自己的收入是否感到满意。

（3）抛弃完美主义

世上并不存在绝对的完美，一个人也不可能拥有一切。如果用完美主义指导人生，就会终日沉湎于自我嫌弃和挑剔中，无法感受到生活中的快乐。与其空谈完美，不如踏实地努力，抓住自己能够得到的东西。

（4）学会喜欢自己

研究结果表明，拥有健康心理的人，在面对挫折时表现得较为坚强。喜欢自己的人对自己比较满意，对自己未来的幸福生活充满信心。因此，他们无论遇见什么样的失败都能重新站起来。

第一章 生活是一门平衡的艺术

（5）正确对待舆论

他人的评论不应当影响自己的情绪。在冷言冷语中，人最可贵的品质便是自信自强，不为舆论所动，不去在意别人拥有多少，而是看清自己拥有多少。

（6）立刻停止抱怨

总是愁眉苦脸、唠唠叨叨的人会令身边的人望而生厌。因此，在抱怨之前，先想想这有什么用处，要知道牢骚再多也解决不了实际的问题。

（7）不为失去的烦恼

既然失去的已经无法挽回，那又何必大惊小怪、耿耿于怀。要知道一味地伤感于事无补，人生中还有更重要的事要做。要调整好心态，坦然地面对失去的一切，珍惜自己现在所拥有的。

（8）珍惜每一个时刻

快乐来自每天发生的一件件小事，而不是源于几件偶尔带来好运的大事。因此要珍惜生命中的每一个时刻，抓住身边快乐的小事，才能让自己常常快乐。

（9）锻炼身体

有氧体操、散步、跑步、游泳等运动，可起到缓解轻度的忧郁和焦虑、增添快乐的作用。

（10）保证充足的睡眠

充足的睡眠可为身体重新"充电"，对保持清醒的头脑和减轻低落情绪至关重要。

第二章　在新起点做好自我平衡

新起点在人的一生中具有决定性意义,如何把握好人生的新起点,是一个长盛不衰的命题。本章告诉读者的是:多一点儿平和,少一点儿焦躁;多一点儿包容,少一点儿挑剔;多一点儿自信,少一点儿自卑;多一点儿行动,少一点儿等待;多一点儿务实,少一点儿空想;多一点儿交际,少一点儿孤僻;多一点儿创新,少一点儿固守。

1. 在新起点要做好心理准备

指出心态决定命运,是成功心理学的卓越贡献。人们可以借着改变自身的心态而改变自己的人生。一位哲人曾经这样说过:"你虽然改变不了环境,但你可以改变自己;你虽然改变不了事实,但你可以改变态度;你虽然改变不了过去,但你可以改变现在;你虽然不能预知明天,但你可以把握今天;你虽然不能样样顺利,但你可以事事尽心;你虽然不能改变别人,但你可以改变自己。"

一个人在人生中会多次面临新起点,每个人都希望能从新的起点上走得更远,飞得更高。然而,我们即将面对的新的人生格局将是怎样的呢?有多少人对即将开始的新生活做足了心理准备呢?据社会学家的调查报告显示,有不少人对此有着不同程度的心理适应问题。这种现象在心理学上叫"适应性障碍",其具体表现在理想与现实矛盾的失落感,心理优越感转变为挫折感,新生活带来的无助感,人际障碍造成的孤独感,目标缺乏的空虚感,等等。如何调适好自己的内心世界来面对新的挑战?

这是非常重要的。

站在新的人生起点上，因为现实与理想有差距，所以要尽快地适应新环境，调整好心态，接纳现实，积极主动地了解新环境的特点和变化，并且从心理上接受这些新变化。只有这样，我们才能尽快地适应眼前的角色转换，全身心、愉快地投入到新的环境中去，才能有效地维护心理健康。我们要认真地做到以下几点。

（1）正确地看待人生的起伏

人的一生有着许多坎坷、许多愧疚、许多迷惘、许多无奈，稍不留神就会迷失自己，找不到方向。因此我们要善于用镜子来审视自己和他人，我们就会看清世态，读懂自己，认清他人。

面对人生的潮起潮落，好与坏，悲与喜，就像人们不知道天上何时下雨一样，非人力所能控制，人们能控制的只有自己。得失和成败是每个人所要经历的，我们不必为其感伤和徘徊，在生活中遇到挫折，不要轻言放弃，在一路跌跌撞撞中，我们终会走向成功。我们在成功后也不要沾沾自喜，要牢记"得意不要忘形，失意不要失志"、"失败是成功之母"、"不以物喜，不以己悲"这些道理。在生活中，我们要学会"岩松无心，风来而吟"，用平常心看淡一切，对于名利荣誉这些身外之物不必常挂于心，享受自然之风，快乐地生活，如浴春风。

（2）畅想未来的前景

在现实生活中，有些人只看到眼前摸得着的东西，他们急功近利，只看到眼前的利益，没有长远的眼光，结果杀鸡取卵，让成功夭折在半途中。有远见的人善于从长远的角度思考问题，不计较一时的得失，高瞻远瞩，把握机遇，追求无止境，他们取得事业的成功与辉煌。

其实，人生如同下棋一样，平庸之辈往往只能看到眼前的一两步，而高明的棋手则能看出后面的五六步甚至更多。遇事处处留心，能比别人看得更远、更准，这样的人才能战无不胜，决胜千里之外。

（3）用别人的优点激励自己

有些人总是喜欢紧紧地盯着别人的缺点不放，挖苦或嘲弄他人，容不下他人的优点，搞得人际关系紧张，自身也疲惫不堪。如果能够用放大镜看别人的优点，那就是对自己的反省和激励，其价值不仅仅是促进人与人之间的良好关系，更重要的是提高自己的内在素质和修养。久而久之，在发现别人优点的同时你的修养就会不断地加深，你的内力也会不断地增强，你的魅力也会成为亮丽的彩虹。

（4）敢于面对自己的缺点

每个人都有自己的优点与长处，也都有自己的缺点与短处。如果能用显微镜来查找自己的缺点和不足，我们就能扬长避短，也就不会拿自己柔弱的软肋去硬碰别人的犄角。

一个头脑清晰的人敢于面对自己的缺点，他自知有许多缺点需待改进，在改掉缺点的过程中砥砺自己。这是完善自我的一种表现，也是对自己人生的一次洗礼。

（5）清醒地审视自己内心的欲望

有位心理学家说过："现代人之所以活得很累，心里很容易产生挫折感和种种焦虑，甚至不快，是因为他们思想迷失和被淹没在各种欲望中的结果。"

现代人常把自己的思绪搞得如同一团乱麻，却很少有人进行必要的自我调节。在这种混乱的生活状态中，人们的内心渐渐失去平衡，变得没有条理，生活也跟着盲目起来。因此，你需要借助透视镜来审视自己的

内心：你真正想要的是什么？什么才是你人生中最主要的？慢慢地你会发现，那些遥远的不切实际的东西都是你行动的累赘，而那些离你最近的事物才是你的快乐所在。把精力集中在最能让你快乐的事情上，别再胡思乱想，不要偏离正确的人生轨道。

2.要乐于接受新的事物

天下没有十全十美的事。人生有点儿瑕疵才显得真实，才更显得珍贵。当我们接受事物美好的部分时，也要接受它有瑕疵的那一部分。如果没有了瑕疵，那就反而显示不出美来。所以，有瑕疵的美玉显得更加真实。正是因为有了瑕疵，事物才显得生动而不虚假。当人生面临新的选择、新的起点时，对任何事物都要有合理的期望值。否则，期望越大，失望越多。

一行人来到某国旅游，见路旁高悬着的吊篮里艳丽、奇异的花束，感到很是新奇和喜欢。他们看不出是真花还是假花，心想如果是假花就没意思了。于是有两个人准备跳起来摸一摸。这时一位老者说："这是真花。"接着他说出了理由："它的叶子有的已经干枯，花朵边缘也有些凋零的痕迹。真的东西都是有些瑕疵的。"大家再仔细一看，都很信服这位老者的睿智。这些花束为他们的旅途洒上了独特的异域芳香。

"真的东西都是有些瑕疵的。"上述事例中老者的话很值得玩味。真正的东西难免有瑕疵，完美往往只能存在于想象的虚拟之中；虚假的东西往往没有瑕疵，正是因为这一点才容易使人受骗上当。不能容忍瑕疵，刻意追求完美乃是人的心理误区。我们应当学会接纳有瑕疵的事物，甚至是有瑕疵的自我。

　　有一座著名的雕像名为"断臂的维纳斯",它雕刻的是维纳斯女神,可能由于从古流传至今的某个阶段保存不善,维纳斯女神折断了双臂,如今展现在我们面前的其实是一件残缺、毁坏的艺术作品。可这似乎并不影响它成为雕刻名作,不仅仅因为它是真品,更重要的原因还在于它的残缺,它在人们面前所展现出的"不完整性"给人们留下了巨大的想象空间。假如这尊"维纳斯女神"的双臂没有折断,那又会如何?不得而知。然而人们从这尊塑像领略到了一种残缺所带来的美感。原来瑕疵也是一种美。

　　有好事者提出利用现代科技还原"断臂的维纳斯",为它接上两条"现代化"的手臂。其实这纯粹是画蛇添足,正是因为它的不完全,有瑕疵才使它成为雕刻中不朽的精品。如果真的使残缺变为完美,那便一下子让人们失去了所有的想象,反而会弄巧成拙!

　　瑕疵也是一种美,我们应该学会接受有瑕疵的事物。同样,人无完人,每个人身上总会存在这样或那样的瑕疵,我们应该学会接纳自己的瑕疵,这才是真实的生命。

　　生命就如同真实的花朵,虽然可以怒放,却总有凋零的那一天,而正是瑕疵的存在,才让这份美丽变得更加珍贵。世间万物都是如此,真实的东西往往伴随着瑕疵,正是因为有着瑕疵的存在,才更加显示出其真实之美。

　　　　从前,有一个人非常幸运地获得了一颗硕大而美丽的珍珠,然而他并不感到满足,因为在那颗珍珠上面有一个小小的斑点。他想,若是能够将这个小小的斑点剔除,那么这颗珍珠肯定会成为世上最珍贵的宝物。于是,他下狠心削去了珍珠的表层。可是斑点还在,他又削去了第二层。他原以为这下可以把斑点去掉了,

第二章　在新起点做好自我平衡

殊不知它仍旧存在。他不断地削,一层又一层,直到最后那个斑点没有了,而珍珠也不复存在了。

那个人心痛不已,一病不起。临终前,他无比懊悔地对家人说:"假如我当时不去计较那个斑点,现在我的手里还会攥着一颗美丽的珍珠啊!"

真正的幸福,其实不是让我们冒着背负终身之憾的危险,刻意去剔除自己或他人身上的那一点点微不足道的瑕疵,而是要我们把握好自己手里的那一颗实实在在的珍珠。只有学会包容与珍惜,然后,才能从彼此心灵的和弦里感受到真正的幸福。

一个女孩因脸上生了几个雀斑而烦恼不已。有一次,她看到报纸上登载某医院可以根治雀斑,便去那家医院求治。到了医院后,发现求治雀斑的女孩已经等候了一大片。当医生当众告知此类手术的苦痛,吓得这个女孩迟迟不敢进手术室。终于,有两个女孩进去了。当她发现那两个女孩脸色苍白、手脚发抖地从手术室出来的时候,她终于醒悟:"美容的代价如此之大,何不接受这些雀斑呢?"

当她终于悟出这个道理的时候,她便拥有了一份自信和洒脱。这个女孩就是后来在日本家喻户晓的当红影星山口百惠。山口百惠的这份潇洒比更多经过美容的女孩更坦然、更从容,也更具内涵。

确实,在我们的一生中,总有一些不尽如人意之处,有些甚至是无法逆转的。对于这些,我们明知摆脱不掉,倘若依然耿耿于怀,就会更加痛苦不堪。

人生就应该像一个五味瓶，盛满着酸甜苦辣咸，倘若里面装着的只是一些糖，那么人生就太过单调乏味了。人生没有挫折与失败，没有难过与哀伤，就像探险家到动物园里看到囚禁在笼子里的老虎一样而枯燥无味。美绝不是一张雪白的纸，而是一幅有暖色也有冷色的画；美不仅是阳光明媚的春天，也是春华秋实、冬雪寒风的四季轮回。维纳斯之所以能成为世人心中美的象征，就是因为她展示出一种永恒的美——缺陷美。

深受人们爱戴的音乐家贝多芬，用自己毕生的精力扼住了命运的"喉咙"，谱写出激昂奋进的《命运交响曲》，然而他却是一个听不见钢琴声的聋者；世界闻名的有为青年海伦·凯勒，她博学多才，是一个"女中豪杰"，可是谁又能想到她是个残疾人呢？正是这许许多多的有"瑕疵"的生命，展现了生命的活力，显示了生命的绚丽。

让我们善待人生中新的选择、新的起点时的瑕疵，以宽容之心回归本位来看待自己，以豁达之心微笑着面对生活，我们便会与欢乐相伴，与幸福相随！

3.克服站在新起点时的无助感

在面对新起点、新生活时，一方面个人有了更多自由发展的可能性，另一方面也会有更加强烈的无助感，有的人看不清自己的未来，有的人无力改变生活的现状。

北京市发生的"张悟本事件"被人们当做笑话，充当茶余饭后的谈资。细细地思量，类似的"张悟本事件"都可以用"无助感"这个关键词串联起来，因为被卷入这些事件的受害者，大多是在无助感的驱动下作出了自己的选择。如果说有的人采取放弃年轻的生命作为解决无助感的极端方式，那么那些被张悟本言论迷惑，疯狂地购买绿豆、茄子、白萝卜，花2000元挂号只去听"大师"教诲的人们，则用另一种方式诠释自己的

无助感。

卷入"张悟本事件"的人可以分为两类,一类是缺乏能力看病住院的患者,另一类是有能力花钱买健康的人。面对疾病的困扰、死亡的威胁,他们不相信现代医学、正规的医院,而是求诸自己,求助于异端和民间。张悟本提出的"把吃出来的病吃回去"的口号给他们的这种选择提供了强大的理念支持。这就回到了社会风险的一个基本命题:风险的个体化会导致个体对现代专家知识系统失去信任。这是现代性的危机。更大的危机在于,当个体的理性选择汇集为群体行动的时候,就变成了盲目狂热的集体非理性行为。

我们这个社会聚集着庞大的、充满理想、最容易有挫折感的人群。他们生活在宽敞而看不到边界的空间里,每天从事的是高度一致、不能有丝毫差错的超时工作。尽管车间明亮干净,但生活的色彩是单调的;虽然空调下没有了汗臭,生活却失去了温情。要成为世界上最先进的流水线上的一个分子,就要把自己按照流水线的要求模块化。马克思在《资本论》里批评现代工厂制度的时候说:"在工厂中,死机构独立于工人而存在,工人被当做活的附属物并入死机构。"即便进入了信息化时代,在每一个充满创造力的信息产品的背后,依然是鲜活生命的机械化、附属化。当生命无法承受机械化的节奏时,五彩的理想在单调的生活中褪色,任何一种决然的举动都会为其他等待者释放出清晰的信号。

对于中国人来说,由于高速的经济增长和急剧的社会转型,这些感觉来得更快,更猛烈,无论是个体还是社会组织,都没有做好充分的准备,长期依赖的血缘网络、单位组织难以提供持久的保护,思想的多元化、信仰的迷失,加重了行为的随波逐流。更可怕的是,在本来可以发挥安全网和缓冲带作用的制度建设中,个体的权利与安全却被有意无意地忽视了。因此,一方面不断地有词语先进、内容详尽的制度文本出台,另一方面则是对制度不信任的情绪在蔓延。对此,一位资深社会学家说:在多元化的社会里，要让"上层永不松懈，中层永不满足，底层永不绝望"，这也许是对"无助感"救赎的理想选择。

每个人都有先天的生理或心理欠缺，这就决定了每个人的潜意识中都有无助感存在。如果处理得好，会使自己矫正心中的无助感去寻求优越感，如果处理不好，就将演变成各种各样的心理障碍或心理疾病。另外，习与性成的无助感容易销蚀人的斗志，就像一把潮湿的火柴，再也燃不起兴奋的火花。比如，自我评价过低，自己瞧不起自己，担心自己笨拙，对自我价值产生怀疑，等等。那么，怎样消除无助感呢？我们不妨采用下列方法。

（1）消除自认为不如人的感觉

无助感是一种"自认"的"感觉"。这种感觉往往是我们拿自己的短处与别人的长处相比较而产生的。事实上，地球上的每一个人，从某个特定的方面来看，都有不如别人的地方。其实，无助感来自于我们对事实的结论和对经验的评价，而不是来自事实或经验。比如，甲是个举重不行的人，但这并不等于说他就是个"不行的人"；乙举重非常出色，可是他没有办法替甲搞互联网技术，虽然他在网络技术方面不行，但这并不意味着他是"不行的人"。

（2）发现自己身上的特质

无助感之所以会影响我们的生活，是由于我们有"自己不如别人"的感觉，而产生不如人的感觉，是由于我们不用自己的尺度来判断自己，而是用别人的标准来衡量自己。我们这样做，当然会带来低人一等的感觉。因为我们相信别人的标准并且要求我们自己向别人看齐，因而我们觉得不如人，觉得焦虑，从而得出结论，认为我们本身有毛病，然后这个愚昧推理过程的逻辑结论是：我们没有价值，我们不配得到成功与快乐。

不管我们自己有多行,只要我们不自信,就没有办法充分地表现自己的才能与天赋。"自己不如别人",那么这个"别人"是谁呢?到底要以哪个人为标准呢?有没有一个通用的"别人"的标准呢?凭什么我们应该以别人为标准呢?凭什么我们应该像"其他人"呢?实际上,并没有"其他人"通用的标准,就算有,也不过是某一个人或某一些人的主观想法。况且,"其他人"都是由个人组成的,世界上没有完全相同的两个人。你身为一个人,不必与别人比较高低,因为地球上没有一个人是和你一样的。你是一个独一无二的人,你不像任何一个人,也无法变得像某一个人。实际上,没有谁要你去像某一个人,当然也没有谁要某一个人来像你。

世界上的每一个人都有自己个别独特之处,就好像世界上的每一片树叶都有个别独特之处一样。一个标准的人其实是并不存在的,也没有哪一个人身上贴着"标准"的标签。所以,要矫正习惯性无助感,就不要拿别人的标准来衡量自己,因为你不是那个人,也永远无法用那个人的标准来要求自己。只有在自己身上发现特质、独一、不同性,相信自己具有的独特性,才可以找到内心的安全感,才可以更好地实现自己。

(3)理性地归因分析

就算是真的在某方面自己不如别人,那也不必产生无助感,以至怀疑自己的价值。为什么呢?因为造成"自己不如别人"的原因无非有以下这些:一是先天遗传因素。有的人生下来就智力高人一等,非常聪明,或生下来就具有某一方面的才能,如莫扎特、皮亚杰等人。与这些相比,我们也不应产生无助感,因为这种因素不能由我们的主观意识、主观意志决定。二是有的人有优越的家庭环境、客观上的有利条件等。三是自身的主观的努力、刻苦、勤奋。这是我们可以去努力的。我们对此产生的不应该是无助感的情绪或感觉,而应该是一种激励感才对。四是机遇、偶然性等,我们坚信"机遇偏爱有准备的头脑"。

进行上述如此这般的归因分析之后，我们可以得出结论：没有必要产生无助感，别人之所以比我们优秀，或者是由于我们无法决定的原因，如遗传、机遇等，或者是我们可以决定、可以改变的原因，如主观努力、正确的方法等。对于前者，我们不必产生无助感，因为事出有因，并且无法被我们所控制；对于后者，我们不该有无助感，因为我们也可以做到。所以，有句话说得好："我们应该努力去改变自己能够改变的，要接受我们不能改变的。"

（4）培养社会情感

社会情感是对社会的责任感。要培养自己，或做到如庄子说的"至人无己"，或如马克思所说的"为绝大多数人的最大利益而奋斗"，把自我与世界统一起来，而不是以自我为中心。

（5）不要追求财富、荣誉和感官的放纵

斯宾诺莎说："追求永恒无限的事物足可培养我们的心灵。"财富、荣誉和感官的放纵，足以引起心灵上的纷扰，因为这三者是人们争夺的对象，一旦失去，人们会感到巨大的不快。追求永恒无限的事物的真理，则不会引起心灵的烦扰、恐惧和怨恨，不会有悲伤。

无助是每个人都会有的感觉，不要太在意。在新的生活起点，只要你相信你自己，找到适合自己的路，在心里默念你是最好的，快乐地生活和工作，不仅能克服无助心理，而且成功也一定属于你！

4. 用行动平衡被动与主动

人们生活离不开环境，犹如鱼儿离不开水。离开了周围的环境，人就

没办法存在，没有生活、生命所需要的资源和能源，人类就失去了存活的最基本的条件。生存环境对人产生作用力，其作用力有两方面力量：促进力和制约力。这两种力量是随着人的活动产生的，当个体与周围的环境相生时，就会产生促进力，当个体与周围的环境相克时，就会产生制约力。这两种力量的最终目的是平衡和协调，直到个体与整体环境相互协调和平衡为止！

我们在职场上难免要面对"突如其来的取舍"、"毫无准备的变动"或"并不情愿的转型"。这一切也许是因为你的业绩突出，得以"技而优则仕"，一步登天；也许是因为公司在经历战略巨变或发生并购，"船上"的你身不由己；也许是你的复合潜质被老板发掘，对你有心栽培，另有重用；当然，也可能是主管在变相地逼你走人。不管是哪种情况，你都必须思考：你是否就此放弃已然熟悉的领域？你是否相信自身在陌生岗位上的潜质？你是否能够承担拒绝转型所引发的后果？

这种职业生涯的被动转型，没有主动跳槽的潇洒，没有步步高升的豪迈，没有志在长远的酝酿，有的更多的是当机立断的抉择与挑战。站在命运的十字路口，是迎战，还是固守？如何考量？具备怎样的心态？如何做准备？怎样去规避？成败在此一念！

我们和周围的环境是一个互动的关系，这个关系的原点应该是什么呢？到底是以环境为中心？还是以目标为中心？这是我们需要思考的问题。是采取积极主动的态度，还是采取消极被动的态度？当我们以目标为中心思考问题时，我们所有的思维力、创造力都会快速地集中在目标上。这时我们会注意与要想实现的目标相联系的人和事，同时也会发现目标所需要的条件哪些具备，哪些不具备。任何一个心中装着目标的人都会立刻行动，利用现有的条件，让所有的资源围绕着目标转动，去创造目标所需要的条件。这就是以目标为中心。

积极主动的态度与消极被动的态度有天壤之别。想要生命的产能与产出平衡,进而追求圆满的人生,主动的精神实在不可缺少。有位哲人说:"最令人鼓舞的事实,莫过于人类确实能主动努力地提升生命价值。"人性本质是主动而非被动的,人们不仅能消极地选择反应,更能主动地创造有利的环境。

一般人都认为,人性是环境的制约作用的产物。的确,制约作用对人的影响极大,然而如果认为人的意志无法克服社会的制约,那就未免错得离谱。凭借自觉意识,我们可以客观地检讨我们是如何"看待"自己。所有正确有益的观念都必须以这种自我思维为基础,它影响我们的行为态度以及如何看待别人。有了这种认识之后,将心比心,我们也就不难体会他人的想法。否则,我们难免会以己之心度人之腹,以至于表错情,会错意。

追求圆满人生的首要准则就是积极主动,其含义不仅止于采取主动,还在于人必须为自己负责。积极主动是人类的天性,如若不然,那就表示一个人在有意无意间选择消极被动。消极被动的人容易被环境所左右,在秋高气爽的时节就兴高采烈,在阴霾晦暗的日子就无精打采。积极主动的人心中自有一片天地,环境的变化不会发生太大的作用,自身的原则、价值观才是关键。如果认定工作品质第一,即使环境再坏,依然不改其敬业精神。

那么,在新环境下如何化被动为主动,创造一种新的平衡呢?

(1)转型必然,心态第一

面对变化的环境或者转型时,每个人通常会有四种选择:要么适应环境,要么改变环境,或者是选择逃避,再有就是抱怨。前三种态度都有可取之处,唯有抱怨是永远无济于事的。

推诿责任的话语往往会强化宿命论。一个人如果经常推卸责任,就会变得更加自怨自艾,怪罪别人的不是以及环境的恶劣。我们要保持一种

时刻准备适应变革的心态。只有拥有了积极的心态，在面临突然的职业生涯变动时，不管是拒绝，还是接受，我们都不会大乱方寸，也不会不知所措。

我们可以利用话语检讨自身的观念，因为言语颇能真切地反映一个人对环境的态度。习惯于消极被动的人会流露出推卸责任的个性。例如说"我就是这样"，就是说自己这辈子注定改不了；说"我不得不如此"，意味着自己迫于环境或他人；说"办不到，我根本没时间"，也是说外力控制了自己。积极主动的语言则是："试试看有没有其他可能性。""我可以选择不同的做法""我可以想出有效的表达方式。"

（2）积极心态源自独立人格

如果你迫于外界环境而不得不转型，而你总觉得自己付出了一切却不得回报，这其实就是你不具备独立人格的表现。能屈能伸、能上能下，才是具有独立人格的表现。

独立人格并不等于永远以自我为中心，永远不妥协。其实恰恰相反，能够高瞻远瞩，积极地面对现实，也是一种独立人格。韦尔奇的著作《赢》在谈到并购时说道：当你所在的公司被并购时，作为经理人的你肯定是被动的角色，因为这是董事们决定的事情。这时候你如果显出一百个不乐意的样子，老是苦着脸，怨天尤人，那么你除了早早地登上裁员黑名单，进而使自己更加怨气冲天之外，还有什么用呢？韦尔奇的建议是：在现实中，这时候你必须要摆出一副早就盼着这一天的样子去拥抱它。

这样做或许显得并不完全真诚，但这能对你有一个积极的心理暗示，进而会使你在新环境下迸发出真正的热情来。反之，如果你在突如其来的变故面前过于执著，不肯迁就，不能改变自己，那么你的热情就永远出不来，你在新的变动的环境中，就肯定没有机会。

(3) 以行动化被动为主动

在所有进步的社会中，爱都是实际的行动，然而消极被动的人却把爱当做一种感觉。积极主动的人则以实际行动来表现爱。就像母亲忍受痛苦，把新生命带至人世，爱是牺牲、奉献，不求回报。又好像父母无微不至地爱护子女，爱必须通过行动来实现，爱的感觉由此而生。

以实际行动化被动为主动，一要变"被动接受"为"主动选择"，变"不想"为"想"。要克服消极懈怠的情绪，自觉主动地参与群体生活，虚心学习，不怕失败，大胆实践，积累经验，处理好生活中的问题。比如科学地管理支配时间，安排学习和工作计划，学会利用各种资源，强化自主和能动意识，改变以往的生活模式，以适应新起点的要求。二要相信人的潜力是不可估量的。要认真地分析目前自己工作上的实际情况，看看自己能否很好地完成工作，以便对目前的工作及时地作出调整。三要有超强的忍耐力，善于扬长避短，然后再适时、适当地补短。四要勤奋多思，多方寻求解决的方法，要善于借助外力。

5.做好平衡理想与现实的规划

教育人的总是故事，磨炼人的却永远是现实。故事是理想的，现实是残酷的。人不能活得太理想，也不能活得太现实。过于现实，就会泯灭希望；过于理想，就会看不清前方的路。学会在人生的天平上找寻理想与现实的平衡点是很重要的。理想是必需的，它可以给现实世界增添绚丽的色彩，使人生更加明亮清澈。

理想的目标是人们行动所追求的预期结果，目标是激发人的积极性，使之产生自觉行为的必要前提。为避免因缺乏目标和动力而产生的茫然、空虚，面对新的形势要尽快地确立新的奋斗目标。这是一个人走向新生活，

适应新环境的重要任务。怎样寻求平衡？让我们先来重温一下《西游记》。

孙悟空是大家耳熟能详的人物，他神通广大，会七十二般变化（应变能力特强）、翻一个筋斗就是十万八千里（办事效率特高）、有一双火眼金睛，能看穿一切妖魔鬼怪的伪装（洞察力特强），还会耍一根横扫一切的如意金箍棒（办事能力特强）。其能力、水平都绝对是超一流的！就是这样一位高手，走上职场也摔了个大大的跟斗。他恃才傲物，嫌弼马温官小，还不把玉帝放在眼里，自称为"齐天大圣"；当了"齐天大圣"又嫌官闲；去管蟠桃园，又监守自盗，偷吃蟠桃，还恼羞成怒地说，自己满身本事，玉帝却不重视他，看不起他，还不如回到花果山去。他为了逃避责任，一走了之。后来他大闹天宫，最终被如来压在五行山下。从孙悟空身上我们可以看出，他有满身的本事，还有远大的理想，可就是无法无天，只是一相情愿一味地蛮干，最后，理想在现实中被击得粉碎。我们应从孙悟空身上吸取教训。

（1）在新的坐标系中制定新的人生目标

制定新的人生目标，需要在新的坐标系中重新找到自己的位置，正确地认识自己，重新估价自己，主动接纳自己。在新环境下，首先，要看到自己的实力，树立自信心。其次，要客观地分析自己的优势与劣势，扬长避短，即不要事事处处苛求自己，要承认差距，学习他人的优点，取长补短，逐步地提高完善自我的目标。建议你罗列一张清单，分别写出自己能意识到的优点和缺点，并让好友或家人补充更正，相互探讨，直到相互明白并认可清单所列特质的含义为止。制定新的规划既能帮助自己面对以前未能正视的问题，加深自我了解，也能明确自己的努力方向。

（2）远大的理想要调低高度

从五行山下出来的孙悟空再也不当"齐天大圣"了，而是一心一意地做起了唐僧取经的开路先锋。我们每个人都应该根据各自的现实情况适当地降低自己理想目标的高度。孙悟空实现"齐天"的理想的可能性几乎为零,因为玉皇大帝只有一个。能实现"成为大家"、"成为富翁"和"当官"的理想的也只有少数人,大多数人要学会重新定位,适当地降低自己理想的高度。"迷其为凡,悟则为圣",意即凡人和圣人之间的区别只在一个"悟"字上。用我们自己的人生阅历、经验、知识去领悟,领悟科学,领悟人生哲理许多道理。如果悟通了,就会终生受益。要从自己的言行开始,从平凡的岗位做起,一点一滴去做、去感悟,将自己远大的理想化为工作中一个个具体的小目标,然后再分阶段地逐步去实现。

(3)书本的知识要学以致用

我们要将知识活学活用,用到具体的工作之中,即使在很平凡的岗位上,也能作出不平凡的业绩。有些人面对新环境只想干大事,不想从小事做起,总希望有位"伯乐"般的领导能相中他们这些"千里马",总希望人生的道路有捷径可循。否则,他们就认为领导不重视人才,就认为"英雄无用武之地",于是就产生逆反心理,态度消极,工作不思上进。其实,知识充其量只不过是一种武器,如果不知道如何使用这种武器,最好的武器也只能是一堆废品。把自己的所学、所长运用到具体的工作之中,把知识变成能力,只有这样,你才能脱颖而出,成功地朝着自己的理想目标迈进。

(4)知识要经常更新升级

我们需要加强学习,不断地更新知识,才能使我们的能力和水平得到经常性的升级。就是有满身本事的孙悟空,既然是上天做官,就一定要懂得"天条",学好"天条"是做天官的必要条件。如果我们不加强学习,不更新升级知识的话,那么除了已经淘汰的知识(知识也要折旧)以外,

我们还能剩下多少可用的东西？"知识改变命运，学习成就未来"，知识更新是我们当今每个职场人士的必由之路，在我们当今这个知识爆炸的时代里更是如此。

（5）加强个人的道德修养

一个人有了知识、能力和水平，只仅仅是有才，这是不够的，必须具有德才兼备的综合素质。有德无才也办不好事。《西游记》里的沙和尚德行不错，干工作（挑担、牵马）认真踏实，而且任劳任怨，从不发一句牢骚，但是缺乏办大事的能力，无法保护唐僧西天取经。有才无德很容易坏事。孙悟空是因为有了满身的本领，才敢大闹天宫。个人的道德修养不是与生俱来的，而是通过后天的教育和修养练就的。孙悟空就是通过唐僧的教化，又历经了81次磨难而修炼成佛的。只有德才兼备的人，才是国家、企业和社会所需要的人才。这种人才，虽然有的暂时得不到重用，但因为他们是金子，总有发光的时候。

（6）要读好书、读懂人，才能做好事

读好书是为了做好事情，而要把事情做得比较好一些，仅仅是读好书还是不够的，还得读懂人。孙悟空三打白骨精，一打我们暂且不去理论，但是他的二打和三打就很有问题了，至少是不讲究方法。孙悟空有火眼金睛，而唐僧只有凡眼，孙悟空看到的是妖怪，而唐僧看到的只是一个十七八岁的村姑和一对七老八十的老人。孙悟空一是没有读懂慈悲为怀、一心向佛的师父唐僧这个人，二是不去努力沟通。其实沟通不成，还可以伺机等待妖怪显出原形，再收拾它也不迟。孙悟空打了妖怪做了好事，反被师父念了紧箍咒，痛得死去活来。所以，要把事情做好，不仅要把书读好，讲究办事的方法，而且还必须会读人。要把人读懂，最好的方法便是有效地沟通。如果你有一些好的意见和建议，要学会与领导和同

事沟通，以求得他们的理解和支持。久而久之，你就会发现你的工作环境很不错，职业生涯也就比较舒心了。

（7）追求理想还要有一颗执著的心

有的人认为如果理想的高度太高不能实现，那就不如干脆没有理想，以为没有理想其实也是一种不平衡。人生中的大事小事接踵而至，再加上实现理想的可能性比较渺茫，有一些人就容易心情沮丧，丢掉理想。如果没有及时地调整思路，不能静下心来全身心地投入到工作中去，你就会很快地失掉自身的优势，变得很平庸。因此，我们的理想不能高得脱离实际，也不能太低，更不能连理想都没有。有了理想就必须执著地追求，如果。遇到一丁点儿困难就放弃追求，那是永远也不能成功的。所有的人都要付出艰辛和努力，才能获得成功。我们只要拥有良好的工作作风和生活习惯，就能从容地应付工作中碰到的各种难题，出色地完成各项工作任务。否则，社会法律法规就是"五行山"，单位规章制度和人际关系就是"紧箍咒"，一定会使得你头痛欲裂、无法翻身。

处在新的人生起点，我们只有在理想和现实中寻求到平衡，才能平心静气地面对一切困难，并且泰然处之；才能根据自身的特点主动地寻找发展的空间，随时修正自己的前进方向；才能正确地处理社会、企业和个人之间的关系，最终在事业上取得成功。

6.平衡好新的人际关系

随着市场经济的逐步发展和改革开放的不断深入，新的机遇、新的挑战层出不穷，人们更多地希望通过彼此的相互作用来求得精神的充实、知识的拓展和事业的成功。人们积极地构建庞大的、立体的、多维的、复杂的人际关系网络，并按照各自的需要进行着性质各异、目的不同的

社会交往。这种社会交往的好坏及深浅不仅仅决定社会的人际关系,而且也影响到社会生产关系。

那么,怎样才能协调好新环境下的人际关系,为创造平等、和谐、团结、互助的新型人际关系奠定基础呢?

(1) 正确地看待人际关系的变化

中国人由于长期受传统交友观念的影响,比较看重交友的质量,不重交友的数量,一旦结交上一个朋友,则与之心心相印、肝胆相照。这种做法有着可贵的一面,然而由于花费时间较长,限制了交友的范围和数量。现代社会生活节奏加快,时间观念加强,越来越多的人不可能把大量的时间用在与别人之间的无聊的应酬上面,而是有事则相帮,无事则各行其是。因此,人际关系的建立就出现了间断性的亲与疏。有时,一向很好的朋友会逐渐地疏远;有时,久无音信的朋友又会突然出现在面前。面对此情此景,有些人不太理解,认为朋友太过于追求交友的实用性。其实,我们对此应辩证地看待,应意识到聚散随意也是朋友的道理。

生活中没有永久的朋友,也没有永久的敌人。尤其在现代社会中,人员流动、人事变迁、人才竞争等已成为平常之事。对于这种流动性较快的特点,我们应尽量地适应,而不宜将所有的感情紧紧地拴在某一个朋友身上。再说,朋友总有自己的为难之处,不必强求。只要彼此心里记得,又何须频频地鸿雁传书?只要朋友过得比自己好,又何必打断人家的憧憬?真正的友情不在一朝一夕。如果交换一下彼此的位置,设身处地为朋友想一想,也许自己会重负释然,默默地为朋友祝福。同时,我们要让自己的灵魂重归晶莹剔透的世界,即使朋友真的忘了自己,也不必耿耿于怀。一个人随着生活圈的变化,交往录里会添上不少新面孔,淡化一些老相识。谁能说孩提时的青梅竹马至今还两小无猜?其实,友情是永恒的,变化是绝对的。你不必为一个朋友暂时离去而伤心,也许有一天他又回来了。

正如《三国演义》中开篇所言"天下大势，合久必分，分久必合"。天下大事是这样，更何况人与人之间的往来接触。

（2）努力摆正物质利益的位置

人际交往总是有得必有失。人们总是希望得到对自己有价值的东西，选择对自己有价值的交往，这是可以理解的。如果想保持与别人的交往，就要让别人感到与自己交往是值得的，是得大于失的。有的人常常把功利和情义搅和在一起扯不清，又把自己真实的动机、真实的评价掩盖起来，最后把与他人多年积累的情义也毁了。

在日常生活中，我们不要把别人想得那么坏，因为更多的时候人与人交往是平衡的，人们都在作出能给双方带来最大利益的选择。比如，给朋友结婚送礼物，一般既要考虑自己的经济承受能力，又要顾及适度地表达对朋友的心意。当然，人际交往有时也会出现"增值交换"和"减值交换"，双方都感到自己得大于失，或双方都感觉自己失大于得，不过这种情况并不多见。

（3）不断提高心理承受的能力

面对转轨的体制和飞速发展变化的社会现实，不断调整自己的心态，更好地给自己找平衡，这是当前每个现代人面临的新课题，同时也是建立和协调人际关系的重要条件。

常听到有些人报怨世事不公平、心态不平衡。我们不能不承认，在现代生活中的确经常发生了一些不公平之事，让人心态难以平衡。比如，才德平庸者官运亨通，而辛苦工作者不受重用；有的人住房豪华，有的人则陋室空空；有的人一夜之间成了大款富翁，有的人长年劳动仍旧清贫。这些都可能让人产生不平衡。不平衡即失衡，失衡即是失去了支撑点。一旦失去了支撑点，人就很容易产生心理障碍，诸如焦虑、忌妒、孤独、

偏执、狂想等。

经常地让心态保持平衡，最根本的办法是提高心理素质，增强抗震能力和承受能力，培养、锻炼豁达大度的性格，使自己具有很大的弹性和灵活性。我们正处在一个大变革时代，旧的平衡不断地被打破，新的平衡尚未建立，难免让人产生不平和失落。对此，我们应以宽广、豁达的胸怀泰然处之，并将世事名利看得平淡一些。"宁静而致远，淡泊以明志"，就是保持心理平衡的最好方法。

（4）敢于面对激烈竞争的现实

市场经济的逐步完善和改革开放的深入，将所有的人都推向市场，推向竞争的前沿。面对激烈竞争的社会现实，每一个现代人都要敢于正视。在当前形势下，区分高低、优胜劣汰，主要是通过公平、合理的竞争来实现的。每个人都不可避免地要参与竞争，每个人都要接受竞争的结果。从人际关系角度讲，同学之间、朋友之间、同事之间，在某些方面都可能成为竞争对手，这已是客观的事实。

竞争可以使人际关系紧张，也可以使人际关系密切。我们必须认识到，有竞争才能择优汰劣，有竞争才有进步，有竞争才有发展；没有竞争必然是一潭死水，没有生气、没有活力、没有希望。我们必须要树立竞争意识，并做好参与竞争的思想准备，清醒、正确地看待竞争结果。不断提高竞争意识，掌握竞争的手段，培养战胜竞争对手的能力，这才是我们应当具备的正确的态度。我们绝不可采取极端的做法，不可自怨自艾，更不能进行人身攻击，将对手置于死地，因为这些手段都是不可取的。

（5）正确处理人际冲突

人际冲突的发生是无可避免的，关键是看我们如何处理。针对人际冲突的情况，专家建议：首先，我们要清楚地认识到人际关系不是工作的全部,在职场中,实力永远是第一位的。其次,我们要积极地面对人际冲突,主动打开心门,和没有利益冲突的同事建立起友好而和谐的人际关系。这样不仅能让我们心情愉悦,而且能轻松地获得他人协作。再次,我们应当避免陷入你争我夺、钩心斗角的人际斗争中。倘若我们不幸被动地卷入其中,最好的方法是装聋作哑,然后看准时机抽身而出。最后就是多做事、少说话。要知道,大多数的人际冲突都是因为"嘴闭得不牢"引起的。

总而言之,人际关系是一种资源。如果把握这种资源,就会赢得更多的成功机会。因此,我们应该努力适应和改善新型的人际关系,适应新的社会环境,从而使我们生活愉快、工作顺利、事业成功,促进社会的稳定。

7.在新起点更需改变固有的习惯

一位心理学家曾说过:"播下一个行动,收获一种习惯;播下一种习惯,收获一种性格;播下一种性格,收获一种命运。"这话道出了习惯的重要。然而,人们对于在事物的发展变化过程中养成的习惯,也要有所取舍,要根据实际情况调整和改变自己的固有习惯。这是在人生的新起点应对新环境的明智选择。

固守习惯是思维惯性使然。很多人在心理上愿意坚持固有的习惯,对新事物有恐惧和不愿意接受的心理,迷信自己的经验,认为资历能代表能力,以为成功的经验可以复制,不注意形势的变化,因此在面对新形势时经常是事倍功半。事实上,人们一直坚持的习惯未必是对的,仅仅是人们最不愿意打破而已。明智的人必须说服自己,调整思维惯性,克服固有习惯,以适应新形势的需要。只有适应新的变化和需求,不断

地提高自己的能力,才能挑战新的压力。

有这么一个故事:每年到了海鸟迁徙的季节,在大西洋中央的某个海域,在浩瀚无垠的海面上空,就会出现一个庞大的鸟群,数以万计的海鸟在天空中久久地盘旋,并不断地发出震耳欲聋的鸣叫。更奇怪的是,许多鸟在耗尽了全部体力后,义无反顾地投入茫茫大海,海面上不断地激起阵阵水花……这一幕长期地困扰着鸟类学家们。直到20世纪中期,这个谜团终于被解开了:原来海鸟们葬身的海域在很久很久以前是个小岛,对于来自世界各地的候鸟们来说,这个小岛是它们迁徙途中的一个落脚点,是一个在浩瀚大海中不可缺少的安全岛。然而在一次地震中,这个小岛沉入大海,永远地消失了。候鸟的习惯使它们遭受了灭顶之灾。

养成良好的习惯能使人趋于完美,使事情走向成功。习惯是一种顽强的力量。东汉杰出的科学家张衡从小养成了爱想问题的好习惯,对周围的事物,总要寻根究底,弄个水落石出。后来,张衡经过努力钻研,发明创造了世界上第一架能报告所发生地震的地域方位的仪器——地动仪。

在《论人生》一书中,伟大的思想家培根专门论述了习惯与命运的关系。培根深刻地指出:"人们的行动多半取决于习惯。一切天性和诺言都不如习惯有力,即使是人们赌咒、发誓、打包票,都没有多大用。"

当然,当固守的习惯让自己停滞不前时,人们自然也就丧失了前进的动力。随着时间空间的变化,很多习惯的东西会成为思想的束缚。人们称这种现象叫"狗鱼综合征"。在已有的习惯面前,我们要选择摒弃。既成的习惯到了一定时期就要摒弃,陋习就更不用说了。

在心理学家约翰·法伯的"毛毛虫实验"中,首尾相接围成一圈的毛毛虫,绕着花盆边缘一圈圈地走了七天七夜后,终因饥饿和疲劳而死去,而在它们不远处就有食物。毛毛虫固守先例和经验的习惯导致了这个悲剧，倘若有一只毛毛虫打破尾随去觅食，那么情况就将发生改变。这种因跟随而导致失败的现象被称为"毛毛虫效应"。人们常常在思维上产生惯性，按固定思路去考虑问题，结果陷入僵局。

在以往的经历中，我们有很多成功的经验，也养成了很多好的习惯。但是，我们更要注意与时俱进、解放思想、摒弃各种陋习，这样，我们的事业和人生才能更加精彩。

8.为自己规划一个成功的起点

很多人对于成功有很多疑问，始终找不到开启成功大门的钥匙。很多人都在想如何取得成功的秘诀。你是否也在想："为什么别人能成功？他是怎么成功的？为什么过了这么多年，我还是这样？"你是否也想过："我也挺聪明的呀，善于思考，比别人也不差，为什么到现在也还是这样呀？那个人原来还没我聪明，为什么他现在却这么成功了？"你是否经常看到一种人，他们没有高学历，甚至连字都不认识多少，可是他们却相当的成功。是的，你会去想，因为你是一个渴望成功的人。事实上，渴望成功的人都会思考如何才能够成功，但是他们更应该思考给自己规划一个走向成功的起点。

虽然我们经常去思考，但是我们仍然少有收获！就这样，我们一直迷茫着，一直思考着。读到这，你是否已经找到成功的秘诀？很多时候，我们会感谢我们聪明的大脑，但是你有没有想过，我们之所以没有成功，就是因为我们太聪明。我们整天都在想，我们整天都在思考，却忽略了很重要的东西，那就是践行。这个秘诀对于很多人很重要，非常重要！

我们只有去践行，只有去做才有可能成功。这是很重要的一步，可我们很少去做。要知道，行动才是成功的第一步，我们只有跨出这一步，

才有成功的希望,才会有成功的可能。可悲的是,我们一直都没有跨出这一步,我们仍然是整天在想,在思考,总想把事情设计得足够完美,然后一蹴而就。可是你可能还不知道,有很多东西,你不去践行,你就无法得其奥妙,有些东西,没有践行,无法或很难想出来!你看到了吗?我们掉进了自以为是的旋涡里,我们总以为自己可以把事情设计得足够完美,其实我们现在想的一些东西,如果没有践行就无法想出来!我们可以比较准确地预计明天要做的事情,并很好地完成,但我们不可能准确地预计一年甚至十年中每一天我们要做的事情。

其实很多时候,我们忽略了行动的重要性,你先行动了,然后去思考,以行动为基础的思考才是有用的思考,才是有价值的思考。没有去做,你想太多也无用,想太多只会增加你对失败的恐惧,只会磨灭你对成功的信心,只会让你产生很多消极的东西。适当的有效益的思考才是可取的,过多无益的思考,却会变成一种精神上的负担,成为成功路上的障碍。

毛泽东从一开始也不知道自己日后必定会成为一代伟人,但他是一个实践派,在革命路上慢慢地摸索,最终走得比他自己想象的还要远。

很多人对成功都是一种感觉,一种模糊的抽象的印象,觉得成功就是坚持,就是努力,就是要有目标,等等,却没有去做。这样谈坚持,谈努力,都是空话。所以,如果你想成功,请一定要学会践行,一定要跨出践行的第一步。不管你再聪明,再会思考,如果你不去做,不去践行,你就无法成功。即使是再笨的人,思考力再差的人,只要他去践行,他也会有成功的可能。所以我们在生活中看到了一些让我们觉得很奇怪的成功的现象,其实,那一点儿也不奇怪,成功的人绝对是一个践行者。

成功的人之所以能成功,是因为他不但会思考,更是因为他知道立刻去做;不仅因为他去做了,还因为他有一颗必定成功的决心。

如果你还不知道如何走向成功,还没有迈开成功的步伐,那就赶紧行动,为你的成功创造一个起点吧!

第三章　在重大转折中平衡自我

重视人生的重大转折,在平衡中迈好一生关键的一步,这是每一个人必须解决好的人生课题。通过对这部分内容的阅读和理解,你能够懂得如何建立和把握人生的转折点和平衡点,从而以理性的态度审时度势,提升自己的人生境界。

1.理性地看待人生的转折

人类自有了智慧以来,其强大是宇宙万物难以抵御的。然而人又是最脆弱的。人可以劈山,却经不起飞来的一块小石头;人可以做汽车,却经不起手推车一撞;人可以杀死大象,却经不起细菌的侵袭……人应该怎样看待人生的转折呢?

人在把握命运的时候,只要有明智的思维,就可以把握住每一个机会。人对死亡很无奈,然而活着的人总还是要活着。应不应该活?怎样活?这就体现了平衡点和转折点的交叉。生离死别无常定,不可抗拒的不可强抗拒,不应放弃的不可轻易地放弃,听天由命不可取,顺其自然、引领自然则是必须要做的。告别时的心酸,重逢时的喜悦,在乎什么,不在乎什么,全在人心所想,理智往往起决定性作用。

转折可以看做是灾难,可以看做是挑战,可以看做是机遇,可以看做是驿站……很多很多,都在这一条通向成熟的路上不断地涌现。生活的转折、社会的变革也许在一日之间爆发,人类有着应接不暇的恐惧,就是在这措手不及的时候学会了镇定,就是在这痛不欲生的时候学会了

坚强。

转折无所谓大小，它的到来都会在人们的心灵上留下印象，那是承受过的标志，是成熟后的牌坊。很多人不希望任何转折发生在自己身上，无论这即将到来的转折是意味着幸福的降临，还是意味着灾难的重演。人们似乎疲惫，惧怕应付变化，只渴求平静的生活。然而这是多么消极的态度，这事实上是没有自信的表现。迎接转折需要很强的承受力，需要担负起无限的责任，需要以刻意的笑容充当自己和家人的精神桥梁……这一切就是压力，它就是让人失去自信的理由。很多人在它面前趴下了，也有很多人趴下了又站起来了，他们没想到站起来后的风景比趴下前更美丽。

转折往往发生在竞争之中。竞争只是过程，成败才是结果，当然任何结果早已孕育在过程中了。优胜劣汰意味着几家欢喜几家愁，这对于任何一家而言都是转折。有人感谢竞争，因为它淘汰了竞争对手；有人仇恨竞争，因为它成全了竞争对手。可是有没有人想过，此时转折才刚刚开始，淘汰了一个或几个对手，却又出现了更多更强的力量？今日败者为寇，能否再回到成者为王的时候？乾坤只在转折中。"塞翁失马，焉知非福。"不要沉浸在失败的痛苦中，也不要沉醉于成功的喜悦中，生活永远不是个定数。只有善于反省，善于沟通，才不会成为迷途羔羊，才不会找不到方向。

转折可怕吗？恐怕令你害怕的恰恰是你自己。面对转折，我们不能逃避，否则只会永远停留在原地。没有转折就不称之为生活，其实没有谁乐意一生平淡无激情！种种生活变换酝酿着种种人生体会，种种心灵承受造就了种种辉煌成功。一切在路上，行者无疆；一切在成熟，痛并快乐着！

任何一个转折都是一个新的契机、一个新的机遇，一个个转折堆砌出生活的多彩。任何一个转折都是一次对生命的考验、一次与命运的较量，一个个转折也就成就了一次次生命的伟大与辉煌。所以，我们要微笑着去面对，平静去迎接，勇敢去较量，相信转折之后会有春光的旖旎，会有燕雀的啁啾，会有一条更为宽阔的阳光大道。

人们常说，人生就是一条长路，每经过一个路口都会是经历一次转折。此时此刻，你就站在人生的一个转折处，茫然与彷徨使你的心如蝶翼般颤动。面对转折，需要你的乐观、从容和勇敢。而这一切，无不源自一份对生活的信心。

人生的转折也许并不多，但每一个转折的影响都很大。这些转折也许是因为自身的成长和经验必经的路口，也许是生活中无辜遭遇的突变，但毫无疑问的是，都需要我们去面对。抓不住的岁月的鸟翼，被火光映在手掌，每一次转折都形成一道深深的掌纹，比羽毛还要清晰。在我们走到长路尽头的时候，那每一道掌纹还能让我们感受到不息的生命力；在每一个转折的路口，都留下我们顽强的身影和从容不迫的笑容。记得席慕蓉的一句话："每一条走过来的路都有不得不这样跋涉的理由，每一条要走下去的路都有不得不这样选择的方向。"而在这"走过"与"走下去"的转折路口，让我们以最充溢的信心和活力，去感受灵魂舞蹈如花之绰约，让我们用最坚实的心灵和意念，去创造人生烂漫如霞之辉煌。

2.把握平衡点和转折点的智慧

人生出现了转折点，我们应该根据自身的实际情况，找到自己兴趣和现实中的平衡点，明确自己的定位，这是把握好平衡点和转折点的关键。在转折点之前，我们忍耐了多时，也等待了多时，厚积薄发，最终的目的是希望有更好的机会和发展。我们必须慎重，选择把握好人生的平衡点和转折点，不要因一步错棋而毁了一盘棋。

从大的方面来说，把握平衡点和转折点所需的智慧在于，如何敏锐地

较全面地掌握多种变量中最具关键意义的信息，合理地、动态地掌控主观与客观的平衡点？这是需要大智慧的。为此，我们可以从以下几个方面着手。

（1）把优秀变成习惯的智慧

古希腊哲学家亚里士多德说："优秀是一种习惯。"如果说优秀是一种习惯，那么懒惰也是一种习惯。人出生的时候，除了脾气会因为天性而有所不同，其他的东西基本都是后天形成的，是家庭影响和社会教育的结果。我们的一言一行都是日积月累养成的习惯，区别在于有的人形成了很好的习惯，有的人形成了很坏的习惯。

我们从眼下这个转折点开始，就要把优秀变成一种习惯，使我们的优秀行为习以为常，变成我们的第二天性。让我们习惯性地去创造性思考，习惯性地去认真做事情，习惯性地对别人友好，习惯性地欣赏大自然。换个词来说，就是要会"装"，要持续地、不间断地"装"，"装"久了就成了真的了，就成了习惯了。比如，准时到会，每次都按时到会，你装装看，你装三十年看看，装得时间长了就形成了习惯。

（2）理解生命过程的智慧

虽然事情的结果重要，但是做事情的过程更加重要，因为结果好了我们会更加快乐，而过程使我们的生命充实。人的生命最后的结果一定是死亡，我们不能因此说我们的生命没有意义。世界上很少有永恒。生命本身其实是没有任何意义的，只是我们赋予自己的生命一种希望实现的意义，因此享受生命的过程就具有一种意义。

（3）点与线中蕴涵的智慧

如果你在考数学试题，可能要答两点之间的直线最短。如果你在走路，从 A 到 B，明明可以直接过去，但许多人都不走，你最好也别走，因为中间可能有陷阱。在中国办事情，直线性思维在很多地方要碰壁，这是中国特有的处事智慧。

在人与人的关系以及做事情的过程中，我们很难直截了当地把事情做好，我们有时需要等待，有时需要合作，有时需要技巧。我们做事情会碰到很多困难和障碍，这时候我们并不一定要硬挺、硬冲，我们可以选择把困难绕过去，把障碍绕过去，这样做事情将更加顺利。处于人生的拐点尤其需要如此。大家想一想，我们平时和别人说话还得想想哪句话更好听呢！在当下这个比较复杂的社会中，你要学会谅解别人，要让人觉得你这个人很成熟、很不错，你才能把事情做成。

（4）停止与加速的智慧

滑雪时最大的体会就是停不下来。比如，一个人在刚开始学滑雪时没有请教练，他看着别人滑雪，觉得很容易，心想不就是从山顶滑到山下吗？于是，他穿上滑雪板，"咻溜"一下就滑下去了。结果他不是从山顶滑到山下，而是滚到山下，摔了很多个跟斗，在滑雪的过程中根本就不知道怎么停止、怎么保持平衡。事实上，要想停，只要一转身就能停下来。只要你能停下来，你就不会撞上树、撞上石头、撞上人，你就不会被撞死。因此，只有知道如何停止的人，才知道如何高速地前进。

（5）放弃是一种智慧，缺陷是一种恩惠

当你有 6 个苹果的时候，千万不要把它们都吃掉，因为你把 6 个苹果全都吃掉，你也只吃到了 6 个苹果，只吃到了一种味道,那就是苹果的味道。如果你把 6 个苹果中的 5 个拿出来给别人吃，尽管表面上你丢了 5 个苹果，实际上你却得到了其他 5 个人的友情和好感，以后你还能得到更多。当别人有了别的水果的时候，也一定会和你分享，你会从这个人手里得到

一个橘子，那个人手里得到一个梨，最后你可能从5个人中得到了5种不同的水果，5种不同的味道，5种不同的颜色，5个人的友谊。我们一定要学会用自己拥有的东西去换取对自己来说更加重要、更加丰富的东西。所以说，放弃是一种智慧。

每一次放弃都必须是一次升华，否则不要放弃；每一次选择都必须是一次升华，否则不要选择。做人最大的乐趣在于通过奋斗去获得自己想要的东西。这就从另一个角度表明，有缺点意味着我们可以进一步完美，有匮乏之处意味着我们可以进一步努力。美国有一部电视片，讲的是一位富翁给后代留下了用不尽的遗产，结果他的后代全都变成了吸毒者、自杀者、罪犯，或者精神病患者。为什么会这样呢？因为这位富翁给自己后代留下的钱太多了，导致他们不需要劳动就可以继承一大笔财产，拥有一大笔财富，几乎什么都能买到。其实，当一个人什么都不缺的时候，他的生存空间就被剥夺掉了。

3.化解心理冲突，应对人生转折

处在人生转折点，人们一般都有很多的困惑，找不到前进的方向。这个时候，改变你的个性和才能或许不太可能，那么，你可以把你的环境作一些调整，使之符合你的个性和才能，使你愉快起来。当你做这件事时，就是改变环境，使其适合你的需要，这样就可能帮助你把消极的心态改变为积极的心态，解决所面临的问题。

如果你能保持和发扬积极向上的精神，你就能够改变你的旧的习惯，建立新的习惯。如果你有充分的自信，你就能把方的改为圆的，就能改变你自己。当然你先要准备好面对心理上或精神上的冲突，然后你才能成功地改变旧的习惯，从而打破心理世界中对自己的不客观的评价。

（1）不要让障碍瓦解你的意志力

能否跨越外部的障碍，按照自己的条件、按自己的意思去做事，在于人们本身意志的强弱，在于是否能打败内在的障碍。这是决定事业成败与否的关键。当然，在你的内心有各种各样的欲望混在一起，有时会动摇你的意志，消耗你的斗志。要克服这些，必须相当用心。不仅如此，外在的障碍还会与内在障碍联结起来，如果不能克服它，成功就会变成难事。许多挫折都产生于此。

如果没有什么障碍存在，那就根本不必谈意志力的强弱。遇到挫折时，每个人都会有许多摆脱不掉的感受，还会为自己没有表现得更努力、更坚强而自责。如果受到挫折便感到失败，就会失去了站起来的勇气。这时给自己便贴上"意志薄弱"的标签，为自己的努力不足、欲求的不强而闭上眼睛，那么他的意志力就会被瓦解掉。

（2）正确评价自己的才能

如何度过人生？有什么样的生存欲望？这是每个人必须回答的问题。给欲望带路的是才能，是否有才能，决定着人生的成败。许多人因为不知道自己到底有多少才能而困惑，未能确定自己的人生目的，过着犹豫不定的日子。

有些人以喜欢或不喜欢来评价自己的才能。实际上往往喜欢的地方是一个人的才能薄弱的地方，而不喜欢的地方却是一个人的才能潜在的地方。如果一个人没有努力做事，只是对爱好迷恋，其"才能"不但难以发挥，而且浪费自己的能力，最后还是得不到任何东西。你如果仅以"爱好"驱动，那么恐怕就会误入歧途。

倘若你有相当的才能，你应当知道你的才能是否能有效地活用。所谓有效地活用自己的才能，就是让才能的社会化，实现自己的愿望，由此获得自己想要的东西。因此，如果是社会不需求的才能，那么这种才能

就没有社会价值。因此，我们应当科学地评价、运用自己的才能。

（3）不要自我贬低

许多人的最大弱点就是自我贬低，也就是廉价地出卖自己。多年来，很多哲学家都忠告我们：要认识自己。可是，大部分人都把它解释为"认识你消极的一面"。大部分人的自我评价包括了太多的缺点、错误与无能。

认识自己的缺点是很好的，可借此谋求改进。而如果仅认识自己的消极面，就会陷入思想混乱，使自己变得没有什么价值。要正确、全面地认识自己，绝不要看轻自己。当我们着手做一件新的事情，或者和别人建立新的关系时，如果认为自己永不会有失误的话，那是不切实际的。我们至少会在某个方面出现失败，因为失败是进取过程中的一个重要的组成部分。

（4）要有果断的决断力

有些人极其缺乏决断力。比如，在餐厅用餐时，常为了点菜而迟疑不决，是这道菜好还是那道菜好呢？最后，左顾右盼，看到邻桌客人点的菜，便说："和那桌的一样……"这种人并不在少数。很多人在非作决定不可之时会突然胆怯起来。缺乏决断力，是影响一个人成功的重要因素。

在作判断时，我们往往会将眼前的问题全部集中起来，这恰恰是一个阻碍判断的绊脚石，因为它使我们的注意力分散，飘移不定。人的注意力的范围，事实上比我们所想象的要小得多。只凭着空想而期望"突破性的灵感"是非常困难的，我们只要将想法写在纸上，便很容易集中精神作出判断。

（5）掌握应对人生转折的技巧

何谓应对人生转折的技巧？一是顺应发展变化的趋势，适应环境，适应生活。人生在世，首先是适应。适应是人们为满足生存的需要而对环境作出调节反应，改造环境以适应个体的需要，或改造自身以适应环境的要求，都是适应的形式。二是保持心理的适度紧张，多做自己愿意做而又力所能及的事，在生活中寻找乐趣。三是做情绪的主人，学会摆脱消极情绪的纠缠，善于"转念冰释"。四是学会积极暗示，遇事都往好处想，不要自寻烦恼。五是心胸开阔，不钻牛角尖，不可过分自重，尽量糊涂点儿，可减少很多不必要的忧虑。六是多与社会接触，多参加同事、亲朋的聚会，不要把自己禁锢在家中。七是使生活充满情趣，有节奏，有兴趣。八是克服以自我为中心，有话就讲出来，多理解别人。九是创造和睦的家庭气氛，无论是子女之间，还是儿媳、女婿之间都要公平，以礼相待，夫妻相亲相爱。十是学会放松，缓解身心的疲惫。闭目养神，赏花观雨之时做深呼吸，让头脑中意念"放松"，达到万事皆空、无私无我的境地。每天做两至三次即可。

古语说："失之东隅，收之桑榆。"俗话说："种瓜得瓜，种豆得豆。"处在人生的转折点，友谊、爱情、快乐乃至物质的享受，都是由崇高的精神所恩赐的。

4.在重大转折中不要颓废

人生有三个关键点，即起点、终点和转折点。人生最重要的不是自己从哪里来，也不是生命完结的终点，人生最重要的是处在转折点时清楚要到哪里去。回想已经逝去的岁月，我们能否用最少的悔恨面对过去，用最少的浪费面对现在，用最多的梦想面对未来？理想的人生需要我们自己去规划，要成为自己想要成为的人，过自己想要的生活，创造自己的成功人生。处在转折点时的痛苦，与身外之物的多寡并没有直接或是必然的联系，那是来源于内心对种种经历的一种高度认知。颓废则是对

自己乃至一切的否定，任其发展下去就是破罐子破摔。

从某种意义上说，现代人应该是幸福的——便捷的交通可以带我们到各地去欣赏山河美景、人文民俗，发达的资讯让我们足不出户就能通晓世界新闻逸事，丰盈的物质为我们带来前所未有的生活享受，社会的全面发展，使得我们有了更多机会选择发挥己身之长……然而，深陷在这样空前的浮华里，人们却越来越感觉不到幸福。朝发夕至的火车让人们没有时间细细地品味沿途的风物地貌，连同人类与生俱来的那点儿诗情画意一同固锁在封闭的车厢内；潮涌般的资讯令人们迷失关注的焦点，一件事还没完全弄明白真假，另外很多事就蜂拥而至，充塞了人们的眼耳鼻舌；过于丰满的物质享受让人们食不甘味很久了，使人们的感官退化，还被磨出了老趼；市场经济最明显的特征就是"竞争"，原来只是在高考时会出现的千军万马抢过独木桥的情景，现在很多行业都呈现出这样的态势，明争暗斗、倾轧挤压，人性在没有硝烟的战场上被磨砺得越来越冷漠，甚至是阴暗……

这就是我们所处的时代，狭窄得没有转身的余地，不管你情愿不情愿，都只好在鼻尖挨着鼻尖的方寸之地为虚名浮利短兵相接。成王败寇后，"王"者不庆其胜，"寇"者不哀其失。人们没有时间庆功或沮丧，下一次搏杀的对手早在身边蠢蠢欲动地虎视着你。

至于在红尘这个大"战场"上落下的伤口，那恐怕要受伤的人自己找个没人的地方慢慢地舔了，那些痛苦也只有自己慢慢地消化。一两次的痛苦相对容易消化些，如果痛苦是不断累积叠压的，而你又无法阻断它，那么唯一的办法就是努力让自己不要颓废。人可以忍受痛苦，甚至是备受煎熬，但是不可以借着痛苦而给自己颓废的理由。

在社会生活中，我们不可避免地受到各种伤害，而造成伤害最终能够演变为刻骨之痛的大多来自于最在乎或最挚爱的人。换句话说，也就是那些最没想到、最不该给你伤害的人给了你致命的打击。这种伤害往往会潜移默化地影响你一生，它隐藏得很深远，影响是环环相扣的。然而，有些痛苦的承担者却只是用心、用情极深的那些人，这样的人也大多是活得过于认真、执著的人。

对于这些人来讲，痛苦不等于颓废，遭受痛苦丝毫不影响其在社会、家庭中扮演的角色，他们仍然可以游刃有余地发挥才干，取得成就，只是在虚名喧嚣的来去之间多了些沉默。其实，蔓延在心底的痛苦是冷色调的，容易让人保持冷静的姿态，从而可以更加看清世事的轨迹以及人情冷暖。不过，这样的人常被当做有心理障碍的"异类"。其实，能有多少人真正明了他们那内敛到极致又释放得最灿烂的温暖呢！

承担痛苦是造物主给予人类的必修课。没有一个人的人生道路是笔直的、一帆风顺的。厄运在给予人们不顺、不幸或者痛苦的同时，也促使人们对人性、对人生更深刻的理解和感受。厄运从某种意义上来说是一笔精神财富，它使你更加历练，所以你应该振奋，而不应该颓废。想想那些曾经为你的成长和进步付出的人，你不该让他们失望，让他们为你担惊受怕，你应该觉得你颓废不起。同时，前面有太多的知识要学，太多的事情要做，太美好的人生要去享受，你没有理由、没有资格颓废。

颓废是一种心理障碍。有这种心理障碍的人要尽量和人多接触，多和朋友聊聊心事，要多运动，多听听快乐的音乐。不要压抑自己的情感，一个人想哭的时候就尽情地哭吧，哭出来对身体有益。另外，保证睡眠时间和睡眠质量也很重要。总之，要积极寻找一些有益于身心健康和提高自身价值的事情去做，以免今后为现在的颓废而悔恨。

遭遇生活中的转折，不管是快乐还是痛苦，我们都应该微笑着面对，因为生活本来就有起有落，我们应该如此看待生活。删除昨天的烦恼，选择今天的快乐，设置明天的幸福，保存永远的爱心，消除世间的仇恨，粘贴美丽的心情，复制醉人的风景，共享快乐的时光，卸载心里的孤独，寻觅真正的福音，祈求美好的祝福，开拓全新的天地。请你记得：在人生

第三章 在重大转折中平衡自我

的重大转折之中，可以痛苦，但绝对不该颓废！把一个个转折化为我们走向成功的光明之路！

5.要学会坦然地面对人生低谷

人生如同大海一样，宽广且包罗万象。大海有潮起潮落，人生也如是。人们有春风得意的时候，也一定有怅然若失的时候。在这个世界上，有许多事情是我们难以预料的。我们不能控制命运，却可以掌握自己；我们无法预知未来，却可以把握现在；我们不知道自己的生命到底有多长，却可以安排当下的生活；我们左右不了变化无常的天气，却可以调整自己的心情。我们只要努力，就有希望，只要给我们一点儿希望，我们的人生就可以步出低谷，就一定会是色彩斑斓的。

"人生得意须尽欢，莫使金樽空对月。"当快乐时，你不妨尽情地享受快乐，珍惜你所拥有的一切；而当生活的痛苦和不幸降临到你身上时，你也不要怨叹、悲泣。其实，人生很简单，就好比一架钢琴，钢琴有黑键也有白键。人生亦如此，你不能只触白键，不触黑键。真正精彩的人生，就好比经典的围棋棋局，黑白交错，互相渗透。人生在世几十年，说长不长、说短不短，我们尝试过痛苦，也享受过快乐；我们有过成长，也遭遇过风雨。即使我们步入低谷，我们也会拥抱阳光。我们满怀灿烂的信念，从"山重水复疑无路"的人生低谷走出来，去迎接"柳暗花明又一村"的辉煌。

（1）面对人生低谷要学会豁达

当我们面对人生低谷时，要明白生活是美好的，当然在美好的背后有时也有沉重。其实人生就是丰富多彩的。在人生中苦乐忧欢、钟情失意、坦途坎坷、成败荣辱对谁都一样；盘根错节、繁杂纷呈、五光十色、千姿百态，绝不像在晚上听音乐那样舒畅陶然、轻松愉快，也不像在夏日喝啤酒那样可口可乐、惬意开心。马克·吐温说得好："谁没有蘸着眼泪吃过面包,谁就不懂得什么叫生活!"世界不给贝多芬欢乐,但他却咬紧牙关扼住命运的咽喉,用痛苦去铸造欢乐来奉献给世界。我们面对困难要学会豁达,才能勇敢地生活下去。

(2) 面对低谷要保持希望

在步入低谷时,我们要善于运用一切可以利用的条件向命运作斗争,而不屈服于它的摆布,最终生活会给予我们很多的回报。

(3) 面对低谷要学会乐观

在我们人生的道路上,总是充满选择和转折,当你处在人生的低谷时,可能就预示着转折的来临。人生的不幸向你昭示的不纯粹是灾难,它或许告诉你原来的那种活法不适合你,或许告诉你原来的要求、目的和现实有偏差,它用不幸来提示你,让你暂时地心灰意冷,给你一个静心、思考的机会。这个时候,你要仔细地想想,自己的生命之路哪一步走歪了,哪一步走慢了,哪一步一落千丈走得不稳。然后,积蓄你的力量,伺机待发,生命的下一个辉煌一定属于你!

(4) 学会坦然面对人生

有人说:生命在呼吸之间。生是偶然,而死却是必然,甚至是突然。我们的生命看似顽强,却是无比的脆弱。有人说:生存往往比命运还残酷。是的,要想活得惬意,太难太难。有人说:生活,就是生下来,活下去。既然生已注定,我们只能坚强地活下去,坦然地面对人生。

坦然面对人生,就是坦然地看待命运。人的命运,就如同我们手中的一把牌,是好是坏早已注定。我们能做的,就是如何组织一副牌,打出最高的水平。

坦然面对人生，就是坦然面对社会。社会是个大沼泽，我们要设法站在高地上。人生是个拼搏的过程，三分天注定，七分靠打拼，爱拼才会赢，战场外没有成名的将军，考场外没有夺魁的状元。一个人只有在人生中拼过，才有资格说：我曾经活过。

坦然地面对人生，就是坦然地面对成败。世界上没有常胜将军，成功固然可喜，失败也应欣然。胜不骄，败不馁，"不以物喜，不以己悲"，才是真勇士；跌倒了，爬起来，打掉门牙和血吞才是大丈夫。

坦然地面对人生，就是坦然地面对对手。所有的竞争与角逐，不过是一场游戏。人生应该是一个奋斗的过程，争斗终归会分出胜负，而作为参与者，只要投入了，就没有输。战争之后，我们应该和对手握一个手，因为有了对手，人生才在残酷中绽放出精彩。

坦然地面对人生，就是坦然地面对自己。人生其实就是一面镜子，镜子里只有我们自己。无论在什么时候，都请在镜子里看一看自己，我们拥有一切，不过是拥有自己，我们一无所有，至少还有自己。

人生，让我们坦然地面对吧！

6.不要熄灭你的激情之火

人生没有坏事，只有坏心态。只要心灵的天空阳光明媚，人生什么时候都是良辰美景：压力可以成为动力，嘲讽可以变为鞭策，挫折可以变为台阶，苦难可以变为良药……也许我们奋斗一生也不能达到大师们的水平，然而我们可以满怀激情地应对一切，全身心地投入，不虚此生。

著名新生代女作家黎阳说，人生是一个存在的过程。人生，是一个不以生为始，不以死为终的过程。我们既然不相信宿命，就要用实际行动去回答宿命；既然不相信命运的安排，就要敢于把命运发来的险球给它扣将回去；既然不相信自己注定就是平庸，就要试着把自己投入到铸就辉煌的惊心动魄之中。我们要把不满表达成上进，把委屈升华为不屈，把失意改写成冷峻，要从一时的压抑中酝酿出一生的执著，从一时的失意中迸发出一生的激情。

人生要有激情常相伴。许多人害怕转折，不希望任何转折发生在自己身上，无论这将要到来的转折是意味着幸福的降临，还是意味着灾难的重演。人们似乎非常疲惫，惧怕应付变化，只渴求平静的生活。

人生的转折也许并不多，但每一个转折的影响都很大。转折是人们的成长必经的路口，每个路口朝着不同的方向，其结局当然会不同。如果我们在生活中无辜地遭遇到突变，我们必须坦然地面对，并且作出正确的选择。

司马迁在《史记》中写道："文王拘而演《周易》，仲尼厄而作《春秋》；孙子膑脚，兵法修列，左丘失明，厥有《国语》……"许多先贤都是在经历了许多苦痛的转折之后，更深刻地体味了人生的大义所在。倘若他们不能从失败的阴影中走出，不能依靠惊人的生命力延续生的意志，那一篇篇传世经典和他们造就的奇功伟业又如何能实现得了！

不要沉沦在失败的痛苦中，也不要沉浸于成功的喜悦中，因为生活永远不是个定数。只要善于反省，就不会找不到前进的方向。转折可怕么？恐怕令你害怕的恰恰是你自己举棋不定。面对转折，我们不能逃避，否则只会永远停在原地。没有转折就没有生活的激情，没有激情的生活不能称之为真正的生活，谁愿意度过平淡无奇的一生呢？

在中国人被诬为"东亚病夫"的黑暗时代，鲁迅先生抱着学医救国的热情东渡日本留学。当他从电影中看到中国人被日寇砍头示众，周围却挤满了麻木不仁的中国人时，内心受到极大的震动，他觉得"凡是愚弱的国民，即使体格健壮，也只能做毫无意义的示众材料或看客，病死多少也不必以为不幸的"。因此，他毅然弃医从文，献身于唤醒沉睡的中国民众的革命文艺运动。

第三章 在重大转折中平衡自我

在人生重要的转折时刻,只有作出正确的抉择,才可能达到最佳的效果。好马不会因为眷恋马槽里的饲料而放弃驰骋千里疆场,有远大志向和抱负的人,不会因为贪图眼前的安逸而放弃长远的利益。转折不能成为生命急转而下的理由,只能给懒散的人以失败的借口。

激情!激情!激情!首先,你应想一下自己在事业上最想做什么事情,什么事情会让你不知疲倦而充满激情。然后,你回到现实来,看目前可以做哪些事情,以便朝你的梦想迈进,如果现在你从事的工作与你的梦想差十万八千里那就放下它。不论你经历了什么,得到了什么,忘却了什么,失去了什么;也不管还有多少次转折,下一次转折何时来临,只要你生活在希望中,在激情中创造,就能创造理想的未来。希望来自于追求,激情来自于热爱。我们要把全身心都系在发展事业上,以负重前行的身影、更加饱满的热情,去驾驭机遇,迎接挑战,用实践履行自己的诺言,不断迈出更加坚实的步伐。

7.在重大转折时要审时度势

所谓审时度势,简单说,就是研究时局的现状,判断事物的发展趋势。"时"有三种,一是好的时机,二是坏的时机,三是一般的时机。时机好,就能事半功倍。反之,时机不好,就会事倍功半。时机一般,那就全靠努力,没有多少取巧的余地。"势"也有三种,一是强势,二是弱势,三是均势。势强时,如同从山上往下滚石头,势不可挡。势弱时,如同从山下往山上滚石头,费力,还不一定能成功。在均势时,就像在平地上滚石头,全靠实力,没有多少借力的余地。

当然,作为一种处世谋略,审时度势有着极其丰富的内涵。在面临人生转折的关键时刻,要谙熟审时度势的三大要点。

（1）认清时势，顺应时势

审时度势的第一步，就是弄清当前时机的好坏，以及自己的强弱，并在此基础上决定进退攻守的策略。

人生应该顺应时势，人是渺小的，一个人根本无法和时势相抗衡。所谓"天时、地利、人和"，懂得认清时势，在条件成熟的时候顺应时势，做到事半功倍，这才是聪明人的选择。首先是认清时局发展的趋向，其次要随时变通，采取适当的行动，以顺应时势的变化。

（2）制造时机，培养强势

审时度势是一种积极进取的策略，而不是一种被动适应的策略。认清当前时势，可以决定当下的正确做法。不要满足现状，而是要采取积极的行动，使坏的时机逐渐地变好，使弱势逐渐地变成强势。

人们常说"天赐良机"，又说"谋事在人，成事在天"。机遇，它是上天给予人间少数幸运儿的礼物。在现实生活当中，机遇是靠争取得来的成功的钥匙。得到机遇，不靠天赐，而在人为。当机遇尚未出现时，我们除了时刻做好准备之外，还应该主动地为自己创造机遇，不能总是守株待兔，等着机遇上门。培根说过："智者创造机会。"机会是等不来的，必须靠我们平时的勤奋经营和努力创造才能获得。机会其实是平等的，关键看我们是否懂得寻求机会，并且将它变成人生成功的垫脚石。

人们在面对机遇时体现出的性格与他们的人生事业休戚相关。培养强势性格，会极大地有利于事业的发展和成功。强势性格是做什么事情都不只是做旁观者，而是有意见就大胆地提出来。怎样让性格强势一点儿呢？要建立自己的信仰，相信自己的选择是最正确的；要有个性，不随波逐流，不盲从别人，走自己的路。

（3）抓住时机，发挥强势

如果通过长期努力，终于迎来了好的时机，自己处于可以掌控局面的强势地位，那就应该抓紧时机，发挥优势，争取最后的胜利。这是审时度势的最终目的。

抓住时机与写真摄影按下快门很相似，决定性的瞬间千万不能错过。善于抓住机会的人大多具备明确的价值观、愿景以及热切的愿望，懂得"自己想要拍摄些什么，想要什么"，同时还能够仔细地观察被拍摄的对象，预测、判断状况的变化。如果不具备快速按下快门的技术，就拍不成照片。那些抓住时机、取得成功的人士，都牢牢地抱有明确的价值观，懂得究竟什么是最重要的，自己想要成为什么样的人，自己想要如何去做，自己和对手会怎么样。同时，他们总是仔细地观察周围情况和对手的状况以及心态情绪的变化，预测判断"现在不付诸行动的话，将会怎么样"，然后当机立断。他们总是具备这种抓住时机、采取行动的勇气和决断力。

一个人能否发挥个人强势，能否取得成功，就看他是否能最大限度地发挥自己的优势。一个人只有经营好自己的优势，才能打造出真正的核心竞争力，才会取得成功。只有找准了自己的独特优势，才能最大限度地发挥自己的潜力，从而让自己"不可替代"。如果想要拥有不可替代的核心优势，就要有一技之长，就是其他人不会你会，其他人会一点儿你会很多，其他人会很多，你可以做得更完美。特长是一个人价值的体现，是拥有职场影响力的重要工具。没有特长的人很难得到同事的认可和领导的青睐。

你想要成就自己，就是要知道自己能做什么，自己的优势是什么，否则你就难以发挥所长。其实特长的概念是非常宽泛的，它并不一定是解决工作难题的能力或者某个非常复杂的技术，也可以是生活上的某些特长，比如，有的人很擅长唱歌，有的人很擅长调节气氛等。不要小看这些特长，它可能就是你的优势，很多人正是依靠这些优势获得了不可替代的地位。

8.明确目标才能有的放矢

人生是一条长长的路，如果没有目标、没有方向，就会像一只无头苍蝇一样，在生活中处处碰壁。人生有了目标，生活才会充实，日子才会过得快乐。人生有了目标，人们才会有方向感，少走冤枉路。人生有了目标，人们才会有奔头，生活也会因此而变得精彩、充满激情。

目标就是人生的方向。一生都为目标奋斗的人，没有理由不成功。人生如果没有目标，就会放纵自己，甚至会走上犯罪的道路。目标有好的，有坏的。在确定目标之前，要先分辨对与错、是与非。如果一个人的人生目标不切实际，甚至危害到祖国和人民，伤害到别人的情感，那么他只会越走越远。所以，在确定人生目标之前，一定要分清是与非、好与坏，然后朝着正确的人生目标努力奋斗。

很多时候，挡在成功路上的障碍，不是贫穷或者困苦的生活环境，而是内心对自己的怀疑。一个人如果有了坚定不移的目标，即使贫穷到买不起一本书，仍然可以通过借阅来获得知识。我们无法想象一个胸无大志的人会创造一番业绩，我们同样无法想象一个像林肯、威尔逊或李嘉诚一样的人会埋没在茫茫人海中。胸怀大志的人经历过一次次的失败，因为有梦想，所以从不放弃努力。梦想造就了他们强烈的内动力，也造就了他们成功的人生。一个人有了追求生活和奋进向上的理由，只要他爱拼、敢拼，就能赢得多彩多姿的生活。

生活中的大多数人都被生活的重负压在身上，如同一块巨石压身，喘不过气来。的确，我们的生活太沉重了，身心常有疲惫之感。然而我们又不能不为自己的前途静下心来，去寻找出路。也许你会发出这样的感叹："唉，我的出路何在呀？我都熬到这样的年龄了，怎么还是没有希望呢？"叹息是没有用的，唯有挺着腰杆寻找出路，才可能有最大的希望。

第三章 在重大转折中平衡自我

如果你没有远大的志向和为之奋斗的明确目标,那么你就会在人生的路上失去方向感,只会在迷茫中虚度时日。如果你没有人生的目标,你就只会停留在原地。如果你没有远大的志向,你就只会变得慵懒,只能听天由命,叹息茫然。如果你想不让机会溜走,不叫青春逝去,你就只有靠志向和理想冲出迷茫的旋涡,让崭新的人生之页从这里掀开。

很多人认为设定人生目标就像是找一个遥遥无期的梦想,永远不会实现。之所以这样认为,只是因为这些人设定的目标没有足够详细的定义,而且没有相应的行动。

实现人生目标,需要时间,更需要恒心和勇气,切不可凭着一时的兴趣和爱好。实现人生目标,需要你制订一个长远的计划,每天付出一点点,而且不能够停留。这样,目标才会离你越来越近。有了明确的目标,就要坚定信念,采取行动去争取就一定能够叩开成功的大门。

目标人人有,关键是我们是否真正相信并去做。不管实现目标的法则有多少,重要的只有一条:目标需要实践。我们不妨按照下面的步骤去做。

(1)写下你的目标清单

写下最近两三年内的10个目标,你希望并相信自己能够实现它,比如,给自己买一台笔记本电脑,和父母或女友去国外旅行,买一套房子,存一笔读书的钱,等等。

从上述10个目标清单中,选择3个你最迫切实现的目标。你在心里问自己:我是否愿意为之而奋斗努力?如何才能做到?你必须计划、安排好时间,然后去做。

(2)不说"不可能"

事情只存在做或者不做,不说不可能,而是问"如何才可能"。实现目标并不在于你有多聪明,也不在于你是否知道多少知识,很大程度上取决于你的信心和做事的策略。如果没有自信，那么即使看来很简单的事情，对你而言也没有机会。因为没有自信，所以你根本不会去做。

一个人做事除了信心外，还有做事的基本策略：一是尝试为别人解决一个难题，从中获取利益；二是把精力集中在你知道的、你拥有的东西上。

（3）做喜欢做的事情

很多事情不是一帆风顺的，当困难来临的时候，坚持就非常重要了。很多时候，一个人做事太急功近利，就会急于求成，看不清未来，很容易放弃。而由衷的喜爱则往往能把迷茫的事情变得非常简单，像罗盘一样固执的人不会迷失方向。

模式化的生活容易让人懈怠。所以，无论如何，每天要抽10分钟去做对未来意义重大的事情。比如，锻炼身体，读书并思考，在饭桌上和家人交流，跟孩子谈心，在网上了解一下正在发生的各种趋势，等等。重要的不是每天一定要获得什么，而是养成一种习惯，即跳出来重新想象，保持对现实的接触，对未来的敏感，做自己喜欢做的事情。

（4）学会理财

金钱是财富的一种形式，也是一种选择的力量。每个人都应该学会拥有它、驾驭它。财富还有很多隐蔽的名字，它们是"青春"、"健康"、"经验"和"幸福"。财富不是指你挣多少钱，而是你最后剩下多少钱。估计一下，当你停止工作，你身边的钱能支持你生活多久。

要懂得资产和负债。凡是从你口袋里出去到别人那里去的钱，都是负债；凡是从外面留到你口袋里的钱，都是资产。积累你的资产，减少你的负债。仔细地评估你该不该买车，应该如何合理地贷款购买个人消费品。

合理理财的方案，一是尽可能不用信用卡。大多数情况下，信用卡只能使人消费得更多，使你负债越多。二是将日常收入的50%储蓄，将

40%分配到投资，用10%零花。三是有投资的机会，就让钱为自己工作，没有太多的钱的时候，可以考虑为自己的未来存储其他的财富。

（5）大胆而勤奋地付出

恐惧的情绪总是在我们设想事情将会如何不顺的时候出现。一个人对失败想得越多，就越害怕。因为害怕而选择盲目从众，寻找安全感，则是一种自我放弃。不要老是幻想不劳而获，也不要抱怨不公平。不公平是生活的常态，你最大的自由是可以选择改变自己。即使发生天上掉馅饼的事情，也只会发生在做好充分准备、努力工作的人身上。

（6）给自己足够的压力

如果你没有做当下的事情，你就永远不会知道自己在承受压力之后，还能够做到什么。要给自己足够的压力，看看能把自己逼到什么程度。很多时候，做一件事情不仅仅会使一个人发疯发狂，而且还能逼迫一个人释放全部的能量。一个人了解自己的最佳做法是：让自己做那些看起来最艰难的事情。

（7）跨过生活的"墙"

生活中有很多"墙"挡在你面前，让你做不成自己想做的事情，这些墙可能是你的同学、老师、父母，甚至就是你本人，你周遭的环境。其实，这墙之所以存在，不是为了阻挡那些并不那么想要这件东西的人，而是让我们有机会证明自己多么想要一件东西。

人生目标不是一句口号，也不是一个话题，而是人生价值的体现。只有你的人生目标实现了，你的人生价值才会体现，你才会出类拔萃，傲视天下，受到别人的崇拜和追求。想要实现人生的目标并不是一件容易的事情，它不但需要我们努力，还要排除外界的干扰，抗拒很多的诱惑。

不过，只要我们付出了、努力了，目标就一定会实现。

9.用道德理性平衡人生境界

"物贵天然，人贵自然"。自然天成是人类的生存智慧，经过社会不断演进的时代洗礼，升华为一种崇高的人生境界。这是在人生发展的历程中人与人，人与自然，人与社会，人与宇宙互动所感悟的人生意义。

人的整个生命过程，是生命的自然过程和社会过程的统一。人的一生是丰富多彩的，理想与现实、学习与工作、爱情与婚姻、为人与处事、前途与命运、公与私、苦与乐、荣与辱、名与利、生与死，等等，都是在人生历程中所要经历的事情。人生的道路是曲折的，总会遇到许多坎坷和困难，这就更加需要让道德理性帮人们找到平衡。

（1）看重友谊

友谊是生活中的重要内容。友谊就是朋友之间建立在共同利益基础上的情感依恋。它产生于社会生活与社会交往，既是一种人际关系的体现，更是一种美好的、亲密的社会情感。我们要学会交际，学会与人相处，完善自己的人生。

我们不要苛求自己，不要苛求别人，要幽默乐观、自信，要注重友谊。我们要有高尚的修养。修养是指人们为了一定目的长期进行勤奋学习和涵养锻炼所达到的某种能力和品质。人格是一个人的尊严、价值和道德品质的总和，是一个人在一定社会中的地位和作用的统一。我们应该使自己成为有修养、有道德、有人格的人。

（2）乐业敬业

南宋学者朱熹说："敬业者，专心致志以事其业也。"三百六十行，行

行学问深,即使是很平凡的岗位也能创造奇迹。尊师敬长,团结和睦,这是中华民族的传统美德。韩愈说过:"古之学者必有师。师者,所以传道、授业、解惑也。人非生而知之者,孰能无惑?惑而不从师,其为惑也,终不解矣。"孟子提出了"老吾老,以及人之老"的崇高道德思想。律己宽人、诚实守信、勤劳俭朴、艰苦朴素、虚怀若谷、谦虚谨慎,这些都是中华民族的传统美德。"山外青山楼外楼","强中更有强中手","金无足赤,人无完人",即使你做得再好,也还会有不足之处。乐业敬业,公正无私,勇于献身,"春蚕到死丝方尽,蜡烛成灰泪始干",具有这些品质的人才能够取得成功。

(3)志存高远

每个人的人生目的不尽相同。人生目的决定人生的根本方向和道路,对人生具有动力和激励作用,决定人生的态度和人生的价值。正如古人所说的"志者,心之所之也"。之犹向也,谓心向哪里去。如志于道,是心全向于道;志于学,是心全向于学。一直去追求必得的事物,便是志。

(4)开拓进取

开拓进取的人生态度,是人们在一定社会环境的影响和引导下,通过生活实践和自我体验所形成的对人生问题的相对稳定的、积极的心理导向和行为倾向。在人的一生中,必然会遇到学习、工作、事业、爱情、命运、生死、义利、苦乐、成败、福祸、荣辱等一系列问题,对这些问题的看法、反应和选择,都是人生态度的具体表现。我们应该具有积极有为、正视现实、开拓进取、乐观向上自强不息、崇实尚理的正确的人生态度,要一切从实际出发,尊重现实,忠于真理,实事求是,兢兢业业,实实在在地做人,不求虚荣,脚踏实地,一步一个脚印地走好自己的人生道路。

（5）超越自我

人的成功跟一个人的道德品质是有关系的。人生似奔腾的河流，不可能不遇到岛屿和暗礁。在我们为理想而奋斗的过程中，往往会经历风风雨雨，遇到意想不到的挫折。我们该如何对待呢？我们必须以正确的态度去对待，要敢于正视现实，不逃避，理智地分析产生挫折的原因，把挫折看做是考验人生、磨砺意志的契机。"波浪越是碰到阻碍，溅起的浪花越是壮丽。"我们要积极寻求自我成就的有效方法，超越自我，改变命运。

高尔基说过："每当我心力交瘁的时刻，那如烟的往事便在我记忆中浮现，使我不禁心灰意冷，而我的思想则犹如秋天冷漠无情的太阳，照耀着混乱不堪的尘寰，在杂乱无章的尘世上空不祥地翱翔，无力继续上升，更无力向前飞行。每当我处于这心力交瘁的艰难时刻，我总要把人的雄伟形象呼唤到我的面前。"

每个人在人生的转折点都扮演着各种人生角色，面临着各种人生问题。遇到以前从没有过的挫折，怎样认识生活，把握人生，培养积极的人生态度、良好的道德情操、积极的人生观？这是我们永恒的话题。

第四章　用童心创造生活平衡感

"童心"是人的本性，当我们的人生失去重心的时候，沉潜心底的童心就如角落里的红蜻蜓颤颤地抖动翅膀，再次体验放飞时的欢愉。在这一章里，你将感受到孩子天真灿烂的微笑，感受到孩子无忧无虑的内心世界，感受到童心所创造的人间奇迹！于是，那一颗久违的童心帮你找到了生活的又一种平衡。

1.放飞童心，创造生活平衡感

童年是一首欢快明丽的歌，童年是一条清纯闪亮的河。童年时代的美丽虽然倏忽即逝，但却永存心中，正所谓"童心未泯"。于是，孩童趣味为我们的生活找到了久违的平衡感。用童心创造生活的平衡感，是我们人生旅途中明智的选择。

那么，在生活中怎样让童心发挥奇效，为人生找到平衡的支点呢？

（1）用丰富的想象放飞童心

童心就是孩子的天真淳朴的心，就是所谓的孩子气。鲁迅说："孩子是可以敬服的，他常常想到星月以上的境界，想到地面下的情形，想到花卉的用处，想到昆虫的语言；他想飞上天空，他想潜入蚁穴……"这表明儿童的想象力具有特殊的夸大性，喜欢夸大事物的某些特征或情节，从而产生丰富奇异的想象。

想象是智慧的翅膀，是思维的特殊形式。借助想象，人们可以驰骋于无限的现实世界和神奇的幻想世界之中,可以追溯上至几千年的过去,也可以展望几万年以后的未来。常言道,想象可以使人"思接千载,视通万里",就是说想象可以打破时空的界限,使人的心理更为丰富充实。这种情感体验,可以调节人的情绪。这一点在人们阅读文学作品时体会最深,我们借助想象与故事里的人物一起欢笑、流泪,一起紧张、悲愤;借助想象还可以从书中的英雄人物身上获得精神的陶冶,发展具有积极倾向性的情感;同时,想象也是构成人的意志行动的内部推动力的不可缺少的因素之一。苏联学者鲁宾斯坦认为:每一种思想,每一种情感,哪怕是在某种程度上的改变世界的意志行动,都有一些想象的成分。事实也是如此,如果没有想象的作用,人就不可能预瞻行动的结果,不可能确定清楚的目标,不可能预订具体的计划,也就不可能进行意志活动。

(2) 通过细微观察感受童真

有句话说:"平平淡淡也是真,朴朴实实最感人。"儿童有一颗未经污染的童心,没有受到不良习气的侵蚀,没有一丝一毫的虚假,那一双亮晶晶的清澈见底的眼睛容不得一丁点儿杂物。如果用孩子般好奇的眼光看世界,用纯真的心体验着生活,生活中的一切事物就会变得美好,就会消除心中的烦恼,就会克服面临的困难。

(3) 在生活中享受童趣

童趣是孩子的天性,天真烂漫、好玩、好动、好奇,求知的愿望热切,创造的欲望旺盛,孩子的世界因此变得多姿多彩。成年人可以想出很多方法在生活中享受童趣,比如,像孩子那样胡乱涂鸦,像孩子那样无拘无束地说话,像孩子那样在一块绿色的草地上尽情地嬉戏……

童心、童趣、童真永远是世界上最珍贵的东西,它们永远闪烁光芒。有一些童心,多一份童真,来一点儿童趣,让心态更加年轻,让生活更

加丰富多彩，让率真、天真走到我们面前，走进我们的心里吧！

2.遵从欢愉的本性，无忧无虑地生活

喧嚣的生活侵蚀了我们曾经愉悦的心灵，使我们变得机械、冷漠、烦躁、忙碌、郁闷和无奈，更有许许多多的不如意，因而失去了无忧无虑的生活乐趣。如此这般，明明是活在现在，却总是念念不忘过去，又忧心忡忡地想着未来，总是携带着过去、未来与现在同行，人生当然只有一片拖泥带水。

哲人们常说：逆境常常可以把弱者的精神摧垮，把弱者的脊梁压弯，让弱者的头颅低下。然而逆境还常常可以使人具有坚强的毅力，可以使强者增强意志、增强信念，它是灵魂的再生地。如果我们能以平常的心态，以一种积极向上的乐观眼光去对待所有的痛苦，我们的生活感受就会有所不同。

其实，如果我们能像孩童一样秉持欢愉的本性，单纯地以皮肤感受天气的变化，单纯地以鼻腔品尝雨后的青草香，单纯地以眼睛观赏如诗似画的远山近水，那又何须念念不忘、忧心忡忡！普普通通、平平淡淡的生活，也是一种成功，是一种怡人的美好！

乐观是人生的一种积极向上的精神，也是一种境界，在得意与失意、富裕与贫穷、欢乐与痛苦、不幸与幸运之间……乐观便是完美的平衡。它就像一座桥梁，会让我们从逆境中走出来，从黑暗的迷惘中走出来，走向人生的光明之路。要知道生活是件多么美好的事情，阳光如此灿烂，清风多么淡爽，还有鸟语花香，这些都是为我们准备的。

决定我们行动的是我们的心态，不同的心态会带来不同的结果。热爱生活的人们都有乐观的心态，乐观的心态让人有了充满希望的眼睛，看

到希望，没有什么能够阻挡住向前的目光和前进的脚步。一个悲观的人对于一切都是哭丧着脸。

从下面的故事中，你会悟到乐观的心态及悲观的心态所带来的影响。

父亲欲对一对孪生兄弟做"性格改造"，因为其中一个过分乐观，而另一个则过分悲观。一天，他买了许多色泽鲜艳的新玩具给悲观的孩子，却把乐观的孩子送进了一间堆满马粪的马车房里。第二天清晨，父亲看到悲观的孩子正泣不成声，便问："为什么不玩那些玩具呢？""玩了就会坏的。"孩子仍在哭泣。父亲叹了口气，便走进马车房，发现乐观的孩子正兴高采烈地在马粪里掏着什么。"告诉你，爸爸。"那孩子得意扬扬地向父亲说，"我想马粪堆里一定还藏着一匹小马呢！"

乐观者看到的事物总是比悲观者看到的事物要有意义。

人们有了乐观的心态，还要充分利用这种心态去想办法解决问题，这才是真正的乐观。在这方面，似乎缺少缜密思维的动物做得就比较好。动物不喜欢想得太多，不喜欢犹豫，它们的一生里都是乐观地不屈不挠地生存着。下面这头驴就是很好的一个例子。

有一天，农夫的一头驴子不小心掉进一口枯井里。农夫绞尽脑汁想办法救出驴子，但几个小时过去了，驴子还在井里痛苦地哀叫着。最后，这位农夫决定放弃，他请来左邻右舍帮忙一起将井中的驴子埋了，以免除它的痛苦。农夫的邻居们人手一把铲子，开始将泥土铲进枯井中。当这头驴子了解到自己的处境时，刚开始哭得很凄惨。可是出人意料的是，一会儿这头驴子就安静下来了。农夫好奇地探头往井底一看，出现在眼前的景象令他大吃一

第四章 用童心创造生活平衡感

惊：当铲进井里的泥土落在驴子的背部时，驴子的反应令人称奇——它将泥土抖落在一旁，然后站到泥土堆上面！就这样，驴子将倒在它身上的泥土全部抖落在井底，然后再站上去。很快地，这只驴子便顺利地上升到井口，然后在众人惊讶的目光中快步地跑开了。

在生命的旅程中，有时候我们难免会陷入"枯井"里，会有各式各样的"泥沙"倾倒在我们身上，在痛苦中，我们要乐观点儿，将身上的"泥沙"抖落掉，然后站到上面去！

生命旅途很漫长，人生中会时苦时乐。苦与乐的出现没有任何规律性，我们能做到的是乐观些，乐观地面对生活，面对命运，积极进取，不断地前进，一切自然会好的。

现在，很多白领、灰领、蓝领、金领因为繁忙的工作或应酬而忽略了自己的生活重心。事实上，如果不加班或者周末休息，你可以去离你家近的健身房好好地锻炼锻炼身体，挥洒汗水，释放你的能量，或许能换来更多的激情，保持自己愉悦的心态。如果你不爱运动，不爱出汗，那么周末也可以约上你的三五好友，一起逛逛街，喝喝茶，品尝美味的糕点和水果，在阳光明媚的下午叙叙你们的朋友情谊，也是无比惬意的！

另外，与朋友们聚餐也是个不错的选择，叫几个美味的小菜，也可以点上两三瓶啤酒，侃侃你们的昨天、今天和明天，想必大家都能体会这个轻松而又富有激情的时刻，就像啤酒的爽滑口感一样。或者你是个不爱交际的人，那你也可以抽一点儿时间自己一个人去看海，让海浪把你的烦闷的心情都带走。

好好地放松自己，好好地对待自己，趁自己年轻的时候活得更加精彩一些，不要让病痛充斥你最美好的年华！

3.像孩子一样微笑着生活

孩子生性是快乐的，孩子的心灵也是简单的。是大人们把这个世界搞复杂了，是复杂的世界让大人们少了快乐。当我们对生活的感受失去平衡、不知所措时，当我们忘了生活本应是简单而快乐时，就让我们像孩子一样脸上挂着微笑生活吧！

微笑是世界上最美丽的表情，是世界上最动人的语言。古希腊哲学家苏格拉底说过："在这个世界上，除了阳光、空气、水和笑容，我们还需要什么呢？"瑞士诗人施皮特勒说："微笑乃是具有多重意义的语言。"

微笑于我们，就像是阳光、空气和水一样重要。给成功者一个微笑，那是赞赏；给失败者一个微笑，那是鼓励；给快乐者一个微笑，那是分享；给悲伤者一个微笑，那是安慰……是的，微笑是一种鼓励，微笑是一种肯定，微笑是一种感激，微笑是一种理解，微笑代表赞同，微笑代表坚强，微笑代表原谅……微笑是黑夜里的星星，微笑是迷雾里的阳光，微笑是寒冬里的炭火，微笑是夏日里的冰凉；微笑使友谊更加牢固，微笑使爱情继续升温，微笑使仇恨化为乌有。一个微笑传递着快乐、真诚、信任、鼓励、欣赏、关怀或安慰，一个微笑缩短了心与心的距离，一个微笑让爱在空气中流淌。微笑的魅力是如此之大，我们为何不让微笑成为习惯，多点儿微笑呢？

不管一切如何，我们都要微笑着面对生活！高兴的时候，我们对自己微笑，在微笑中让快乐渗透每一个细胞；悲伤的时候，我们对自己微笑，悲伤便在我们努力的微笑里渐渐地消了、散了、淡了；在挫折中，我们对自己微笑，告诉自己，经历是一种财富，一切都会过去，一切都会更好；在得意时，我们对自己微笑，告诉自己，其实什么事都要试过才知道，只要努力，许多事情我们都能做好。

清晨醒来的第一件事,就是从心底给自己绽放一个微笑,给自己道声早安,告诉自己,新的一天开始了,新的阳光、新的空气、新的雨露、新的花草树木,一切都是多么的美好。上班时,见到同事,见到领导,别忘了展露一个最真诚的微笑。微笑既感染了别人,也快乐了自己。在微笑的环境中工作,那是一种愉悦的幸福;在微笑的心态下工作,有着不同寻常的效率。晚上睡觉前,也要给自己一个最舒心的微笑,在微笑中洗涤忧伤,积聚甜蜜,给自己道声晚安,在微笑中进入甜美的梦乡。

我们在不断的微笑暗示中学会对别人微笑,学会对自己微笑,学会对生活微笑,学会对生命微笑,学会对人生微笑。当微笑真正成为我们的人生态度的时候,就会成为一种对生活巨大的热忱和自信、一种高格调的真诚和豁达、一种直面人生的成熟和智慧。当微笑真正成为我们的人生态度的时候,无论好坏皆坦然,无论成败皆精彩。像孩子一样微笑着生活,这与年龄没有任何关系,只要你愿意。

如果你不满意自己的体型,那就去学一种舞蹈,比如肚皮舞,或者瑜伽,没什么不好意思,没人笑话你,只看自己喜欢什么。不要以钱为借口,不一定非要上舞馆,买一个光盘不过几块钱。现在就开始练习,天赋都是练出来的。孩子学什么都很容易,因为他们不在意别人的眼光。

如果你干家务太累太乏味,那就挑几首自己喜欢的曲子大声地放出来,像孩子一样跟着唱,跟着跳,此时你的心情就像阳光,干活儿也会变成一种享受、一种玩耍。

如果你与同事闹别扭,那就自己嘲讽一下自己,然后像没事一样对他们微笑,没人会计较不较真的人。孩子都是这样,今天闹翻了明天就和好。嘻嘻哈哈地,只要你高兴,大家都会高兴。

如果你同老公(老婆)、恋人生气了,那就像孩子一样表现出来,不要藏着掖着,弄得自己心里不爽,胡思乱想,身边的人却云里雾里地不知所以然。在气过之后,你不要吝啬你的甜言蜜语,要尽情地表达你对他（她）的爱。谁会跟孩子真正生气呢？谁会不对纯真、可爱的孩子顿生怜爱呢？

如果你与家里的老人相处不太好，那你就把他们当做孩子那样哄。人到老了就简单了，回归自然，"老小老小"就是这么来的。对待他们要像大人，你总归是孩子，不能是平辈。

如果你不管怎样做可就是心情不好，觉得干什么都没意思，那绝对是缺少激情了。你要像孩子一样找你的朋友去玩，高兴地、乐观地。孩子们玩游戏从来不问对方是谁，认不认识。

如果你太累了，工作的、生活的压力使你喘不过气来，那就学学孩子，到院子里尽兴地踢一场足球，或是在跑步机上流一身淋漓的大汗，怎么开心怎么来。去除自己身上的灰暗不需要看别人的眼光，大笑几声也能使你心境焕然一新。

如果你推说自己老了，看不进去书了，学什么都晚了，那么看看孩子吧，什么困难在他们眼里都不值一提，因为他们充满好奇自信，所以他们每天都在进步。想想我们每人都能活到100多岁，那么这时的我们依然是多么年轻，一切都会让我们感到新奇。这种感觉好极啦！

从现在开始像孩子一样地生活，我们就会发现每天都是崭新的，获得每一个快乐都是如此简单。童年的红蜻蜓就会伴随我们一直飞上那蓝天……

4.相信存在美好的友情

余秋雨说："人世间最纯真的友情只存在于孩童时代。"孩童时代的友情在于它的纯真，孩子们心无城府，相互关心。高尔基说："生活中不是缺少美，而是缺少发现。"人世间的友情就是生活中的一种美，这种美可以使人消除失落，抚慰心灵。

美好的友情纯净自然、持久弥香，虽然不同于男女之爱，有别于亲人

之爱,但绝不亚于爱情、亲情。有的友情虽然是偶然间碰到、无意间收获的,但是值得一生去记取。这种含有唯美情结的情感会渗入血液,浸入骨髓,芬芳四溢。

美好的友情需要以纯净的内心作底,由惺惺相惜的人们在偶然的时间、不期而遇的路口自然而然地交汇、编织,然后不约而同地慨叹"相逢恨晚""遇见你真是我的运气"。这是人们想象的美好情感。

情感上的善始善终与聚散无关,过程与结果留下的只要是彼此间的美好与温暖即可。这样的情感最好再平淡一些,更缓一些,更认真一些,更沉稳一些,才能达到期望的持久、香甜。

交友就像大浪淘沙。比如和老友聚会,平日里认识了那么多人,能坐到一起不紧不慢地聊聊天,说说知心话的人还就这几个,虽然少得可怜,但彼此之间清澈见底,足够温暖一段路程。此刻便触到了幸福的边缘,接近了真实的美好。彼此都感到对方传送过来的温度,是心灵的互通也罢,是机遇的巧合也罢,只要大家能够在一起就好。这样的情感,一辈子又会有多少?

有一句针对友情的话:"唯其纯粹,唯其坚守,方才可能接近幸福。"这句话是对于这种情感的最好的守护方式。

世间不是所有的事情都是美好的,如果我们抱有一颗爱心或是拥有一份友情美好地生活着,那是一件幸福快乐的事情。我们要把一切事情往美好的方面去想,相信自己的人生会有许多美好的事情发生的,当然这还是要靠我们自己的努力和心中坚定不移的信念来支撑着。一个人心态的好坏直接关系着他生活的质量和身体的健康情况。明白了这些,就不会总把那些过去的一些不满的小事情记恨在心,就不会在心底一次又一次地揭着自己痛苦的伤疤。一次次地回想,一次次地流泪,换来徒劳的悲切。

只要相信生活的美好所在,你就会发觉生活原来是这么的精彩和有意义，人生是如此的奇妙和幸福。告诉自己，要相信美好事物的存在，给自己一个好的信念，对人生抱有很大的期望，那么好运就会随时降临在你的身边。

每一种失去都是另一种获得，每一个现在都是过去的累积。面对这个世界，只要我们都心存感激、相信美好，遇到挫折或失败，能继续持有正面的人生信仰，就能把成长过程中的一切升华成终身受用的智慧。

艾林诺·罗斯福说："未来属于那些相信他们美好梦想的人。"的确是如此！要相信世界是美好的，因为总会有一些人愿意牵着自己一起走；要相信世界是美好的，因为总有一些目光，是真诚而温暖的；相信世界是美好的，因为有一些好的东西会在适当的时间里传递到自己这里；要相信世界是美好的，因为你想要拥有的那些，只要舍得付出，愿意努力，你终究可以拥有；要相信世界是美好的，因为即使生活给了你一百个不开心的理由，你也会想方设法地寻找出一千个快乐的理由。我们应该相信世界是美好的，应该相信每个人都是好人。

只要选择相信世界是美好的，就会遇到更多的美好事物。真正地敞开心扉去拥抱生活，拥抱人生，美好的东西就会悄然而至。

5. 在爱中寻找到平衡点

爱是世界上最美好的感受，它有爱护、爱惜、友爱、关爱等多种意思。泰戈尔说，爱是充实了的生命，正如盛满酒的酒杯。在生活中，人应该要有爱心，不论是对别人还是对自己。爱自己与爱别人之间真的没有共用的空间吗？不是，我们其实可以在爱自己与爱别人之间取得一个适当的平衡点。

这个世界上没有无缘无故的爱，也没有无缘无故的恨。在没有外界因素干扰的情况下，爱和恨都会遵从惯性定律，按照原有的轨迹走下去。"爱

自己还是爱别人？"这问题从古至今人们一直争论不休。古话说："人不为己，天诛地灭。"古话还说："老吾老以及人之老，幼吾幼以及人之幼。"那么，在爱自己与爱别人之间到底有没有一个共存的空间呢？

我们的传统道德告诉我们，要爱他人、社会和环境，却忘了告诉我们，我们还应该爱自己。只爱自己的人，注定了一生的孤独；只爱别人的人，世间少有。无私的人，高洁如天山上的莲花；既爱自己、又爱别人的人，才能在尘世中生存。生命是一趟太仓促的旅途，需要用爱来点缀、来贯穿。只有爱自己，才能够珍惜自己表现出的价值；爱别人，就像用自己的价值来回报栽培它的土壤。所以，只有爱自己，才能更好地爱别人。

爱自己与爱别人，看似矛盾，却是相辅相成、缺一不可的。自我们呱呱坠地起，便凝聚了亲人的爱与希望。父母的爱，是天凉时提醒我们添衣的唠叨，是午夜为我们轻轻盖上的被子，是冬天里一针一线打织成的手套。难道你忍心看到他们担心的面孔吗？你忍心看到他们因为你的感冒而皱起的眉头吗？肯定是不忍心的。因为你爱他们。正是因为你爱他们，所以你要爱自己。

当你爱别人时，同时你也在爱你自己。因为爱是一种快乐的付出，你在爱别人的同时，你自己也会得到满足，觉得幸福。从另一方面来说，如果你不爱别人，那么别人必然也不会爱你。失去了爱的生命是苍白的。没有别人的爱，生活便是一潭冰冷的水，毫无生气，落寞，并且痛苦。所以，我们必须去爱别人。俗话说，赠人玫瑰，手有余香。当我们把爱传给别人，爱别人的时候，我们在精神上便得了安慰，尤其是别人对你的爱予以回报时，那更会有一种幸福感。生活于尘世之中，我们只有爱别人，才能更好地爱自己。

忧国忧民的杜甫应该是很爱别人的吧？他在年轻时满怀壮志，一心为百姓服务，"致君尧舜上，再使风俗淳"，正是他心系百姓的最好的写照。即便已经到了知天命之年，他仍不忘国家，在秋风怒吼之中大呼："安得广厦千万间，大庇天下寒士俱欢颜，风雨不动安如山。呜呼！何时眼前突兀见此屋，吾庐独破受冻死亦足。"这样一个宁愿自己房屋独破也望天下太平，人人有广厦可居的人，不正是爱别人多于爱自己的范例吗？他那"诗圣"的称号告诉我们，爱别人并不是一件错事。

或许，岳阳楼上的范仲淹也是这么认为的。当时，被贬后心情糟透了的他可曾想过自己？不能说没有，但可以肯定的是他心系的是天下苍生，"居庙堂之高则忧其民；处江湖之远则忧其君"。范先生，你可曾为自己而"忧"？"不以物喜，不以己悲。"范先生，你何苦如此执著？"先天下之忧而忧，后天下之乐而乐。"范先生，你怎么总是把自己放在最后？岳阳楼的牌匾告诉了世人，爱别人，使你获得了生前生后名。

特蕾莎修女是一个心中充满爱的天使。她如天使一般地爱别人，正是因为这样，别人才会那么爱戴她。其实，她在爱别人的同时，也在爱着自己，她爱自己的梦想，爱自己的信念。为了帮助穷人，她耗尽了一生的青春，同时她换来了永恒的不变的爱。

爱自己与爱别人是一对相互作用力，这种心与心之间的关怀是同时存在的。正如同一株植物的叶和花。绿叶爱红花，它为花遮阳，为花挡雨，因为失去了花，绿叶便无存在的价值。红花也必定是爱绿叶的，它若不爱绿叶，谁来为它点缀？谁来衬托起它的美？

在这苍茫的大地上，在这无边的蓝空下，我们都长在地球这棵大树上，犹如叶与花、花与干、干与根，只有互相关爱，才能欣欣向荣、枝繁叶茂。爱自己与爱别人，正是这种关系，相辅相成，不可或缺。既爱自己，也爱别人，互助共赢，这就是问题的答案。

第五章 以博大的心胸稀释痛苦

范仲淹曾说"处庙堂之高则忧其民,处江湖之远则忧其君",这是何等博大的心胸!人的心胸足可以囊括万物。如何以博大的心胸稀释人生苦难,让我们的人生之旅避免失衡之虞,走得更加稳健,这是本章的要旨所在。

1.怎样正面看待人生的痛苦

人生伴随痛苦,痛苦伴随人生,人生有痛苦,没有痛苦就没有人生。人生不能因痛苦而悲观,不能因痛苦而失望,不能因痛苦而怨恨,不能因痛苦而消沉,不能因痛苦而怯懦,不能因痛苦而丧志,不能因痛苦而放弃,不能因痛苦而疑惑。

柴薪燃烧时,在那"噼里啪啦"痛苦的呐喊中献出火焰;煤炭燃烧时,在那焦头烂额的痛苦中释出热量;蜡烛燃烧时,在那滴滴答答的痛苦的热泪中放出光明;一个新的生命,也是在母亲的阵阵的疼痛中降生的……

一个人学走路的时候,要经过多少次痛苦的摔打;一个人在求知的时候,要经过多少个日夜痛苦的求索;一个人在创业的时候,要经过多少回痛苦的失败;一个人的一生,要走一条多么曲折坎坷的路……

我们的痛苦源地是哪里呢?就是我们的内心世界。我们痛苦的原因是什么呢?痛苦的根源就是我们内心不自在。因此,我们就该从这方面着手采取相应有效的措施,防止或减少痛苦。我们是人,不是机器,不可能借用别的力量来控制,使我们的本性彻底得到改变。仅仅想凭借外部世界的某种手段来强行消除我们内心深处的种种问题，那是相当困难的。

痛苦对于人生具有两面性，有的人在痛苦中消沉，更多的人在痛苦中求生；有的人在痛苦中完结，更多的人在痛苦中新生；有的人在痛苦中灭亡，更多的人在痛苦中永生！

经受不住痛苦折磨的人生是脆弱的人生，经受不住痛苦考验的人生是可怜的人生，经受不住痛苦打击的人生是可悲的人生。经受得住痛苦锻炼的人生是快乐的人生，经受得住痛苦磨炼的人生是甜蜜的人生，经受得住痛苦锤炼的人生是幸福的人生。

当你在期盼、追求、获得爱情的时候，你称量过你曾拥有的痛苦的分量吗？当你孕育、降生、养育一个新生命的时候，你丈量过你曾拥有的痛苦的短长吗？当你创造、发明、设计一个新产品的时候，你统计过你曾拥有的痛苦的数量吗？当你攀登一座高峰，站在那高高的峰巅，尽享成功的喜悦时，你不会忘记你在攀缘中付出的艰辛劳累血汗吧？当你跨越一条大河，站在那遥远的彼岸，沉醉在胜利的欢乐时，你不会忘记你在破浪中经历的风吹雨打的搏击吧？当你攻克一个难关，站在那辽阔的沃土，陶醉于硕果的幸福时，你一定不会忘记你在闯关中受到的困难艰险磨炼吧？

> 有个网友在博客里这样写道：
> 痛苦是一种境界，一种思索，一种幻想，一种追求；
> 痛苦是一种纪念，一种回忆，一种寄托，一种展望；
> 痛苦是一种理想，一种希望，一种信念，一种新生；
> 痛苦是一种前程，一种光明，一种抗争，一种进取；
> 痛苦是一种承受，一种忍耐，一种大度，一种宽容；
> 痛苦是一种力量，一种坚强，一种无畏，一种决心；
> 痛苦是一种拥有，一种享受，一种获得，一种体验；

第五章 以博大的心胸稀释痛苦

　　痛苦是一种过程，一种煎熬，一种血汗，一种挣扎；

　　痛苦是一种打击，一种折磨，一种考验，一种磨炼；

　　痛苦是一种挑选，一种抉择，一种淘汰，一种剔除。

　　由此我们可以断言：冲出痛苦，即是快乐，摆脱痛苦，即是甜蜜，抛掉痛苦，即是幸福。苦尽甜来嘛！没有痛苦的磨砺，哪有甜蜜的到来？有这样一句话："冬天到了，春天还会远吗？"也可以说，痛苦过了，幸福就来了。要笑对人生的痛苦，要辩证地看痛苦与人生。

2. 人生的痛苦可以被稀释掉

　　因为痛苦主要是由心聚集而成，所以解铃还需系铃人，还得靠我们自己心识本身来消除痛苦。那么有哪些方法呢？

（1）博大可以稀释痛苦

　　古人说，"不如意事十之七八"，痛苦是我们经常遇到的事。比如，失恋、破财、生病、事业失败、升职受挫、高考落榜、下岗失业、亲人去世，等等，每件事都能让我们感到痛苦。遭遇这些痛苦，有的人反应强烈，哭天喊地，欲死欲活的；有的人就比较冷静，能控制自己的感情，承受力较强，情绪也没那么大的波动。这两者的差别之一就在于胸怀，有的人心胸只有一个碗那么大，一点儿痛苦就让他觉得无法忍受，痛不欲生；有的人心胸有一个大水缸那么大，再大的痛苦在他那里也被稀释了。

　　对于生活中的不如意，做加法就会越来越复杂，心里越来越累；而做减法，就会减去太多太多的烦恼，不再放在心上。我们何不宽容地想：谢谢这些不如意，虽然说人生道路上一时绊倒了我们，让我们感到难过与痛苦，但是同时也锤炼了我们的能力，增进了我们的见识，增长了我们的智慧，唤醒了我们的自尊，磨炼了我们的心志，使我们更加宽容开心地生活。

把一切烦恼都不放在心上，该做什么事情的时候就专心去做，该快乐的时候就专注地快乐，不再牵挂那么多未能如愿的忧愁，相信一切都会有它的生存规律。这就得磨炼我们，让自己无论面对什么大大小小、林林总总的烦恼，都能够一点儿也不在乎。这就是所谓的"遇事都要保持平常心"。

> 一个小和尚家中遇到不幸，十分痛苦，久久不能解脱，每天都很消沉。老和尚让他到集市买回一袋盐，舀了一勺盐放进一碗水里，让小和尚尝，小和尚说"咸得发苦"。他又舀了一勺盐放进一盆水里，让小和尚尝，小和尚说"还有一点咸味"。他又舀了一勺盐放进大水缸里，再让小和尚尝，小和尚说"一点咸味也没有了"。老和尚开导小和尚说："痛苦就像这一勺盐，如果你的胸怀只有一碗水那么大，就会痛苦不堪，难以忍受；而你的胸怀如果能有一个大水缸那么大，痛苦就要小得多，因为痛苦被稀释了。"

> 毛泽东的儿子毛岸英牺牲在朝鲜战场。听到这个噩耗，毛泽东当然是很痛苦的，老年丧子毕竟是人生一大悲痛。然而他想到的是同样还有成千上万的志愿军烈士，想到的是"要奋斗就会有牺牲"，想到的是保家卫国的大局。所以，在沉默良久后，他十分平静地说："谁叫他是毛泽东的儿子呢！"不仅如此，他还以博大的胸怀，竭力开导失去丈夫的儿媳，并力主把毛岸英的遗体同其他牺牲的烈士一样安葬在朝鲜。

第五章 以博大的心胸稀释痛苦

（2）事业可以稀释痛苦

对于想要成就一番事业的人来说，事业可以稀释人生的痛苦。

水稻专家袁隆平年轻时，曾有过失恋的痛苦。1956年，袁隆平与一位年轻女教师双双坠入爱河，可是在"反右"斗争中，有人贴了批判袁隆平的大字报，他险些被划为右派。在强大的政治压力面前，那位姑娘退却了。30岁的袁隆平陷入失恋的痛苦之中。但他没有因此而沉沦，而是把全部精力投入到教学和科研中去，用紧张的工作来稀释失恋的痛苦。三年后，他不仅在事业上有了良好的进展，同时也收获到了爱情的果实。妻子既是他生活的伴侣，又是他事业的助手，伴随他一路风雨、一路辉煌。

（3）时间更可稀释痛苦

我们可能都有这样的体会，距离越近的痛苦，感受越强烈，时间越久远的痛苦，感觉越淡漠，有的甚至渐渐地被淡忘了。所以，面对痛苦，我们一定要善于安慰自己，相信时间是治疗所有痛苦的最好药物，时间能稀释一切痛苦，这里需要的是耐心和等待。

在痛苦难挨之时，我们不妨背背普希金的名诗："假如生活欺骗了你，不要悲伤，不要心急，忧郁的日子里需要镇静。相信吧，快乐的日子将会来临。心儿永远向往着未来，现在却常是忧郁。一切都是瞬息，一切都将会过去，而那过去了的，就会成为亲切的回忆。"

佛家说，人生就是来受苦的。生老病死之苦，饥寒交迫之苦，战乱灾荒之苦，生离死别之苦，人生的痛苦不一而足。虽然痛苦将会与我们伴随一生，但这没什么了不起。关键是我们不要被痛苦所击倒，要学会稀释痛苦，战胜痛苦。毕竟人生还有那么多幸福的时光，还有那么多美好有趣的事情，可别因为一点儿痛苦就坏了我们的好心情！还是著名剧作家莎士比亚说得好："适当的悲哀可以表示痛苦的深切，过度的伤心却只能证明智慧的欠缺。"

3.放下执著心，从痛苦中解脱

面对痛苦与不幸，我们要怎样正确地对待呢？不论遭遇多大的痛苦和不幸，我们都要敢于正视它。那么，采取什么样的方法，把缠绕我们的痛苦心解脱出来呢？最有效的方法，也是唯一的方法，就是放下执著心。如果不放下执著心，那么我们对待痛苦的忍耐力就会减弱，甚至最后连忍耐一点点痛苦的能力都失去了。如果是一点儿忍耐能力都没有，只是自暴自弃地抱怨他人，其结果就是最后走向自我毁灭。

很多人会说：你说得容易，道理我们都懂，只是做起来难。大家只要进一步思考就会发现，感受痛苦的大小，完全取决于个人。

例如：各方面的处境相同的两个人，他们遇到了完全相同的不幸，可是他们的心理承受能力是有区别的，实际情况的结果会根据他们各自所表现出来的心理素质的不同而有所区别。

一个人如果没有面对痛苦的勇气和经验，思想就可能不开通。相反，另一个人具有面对痛苦的勇气和经验，思想就会很开通。这就是他们两者的区别。当相同的痛苦和不幸出现时，他们为什么没有出现相同的压力与痛苦呢？因此痛苦的大小取决于人们内心所持的态度和方法。

我们的痛苦皆由我们自己的执著心所造成。那么，我们怎样解脱痛苦的执著心呢？首先，我们要知道世界很多痛苦都是因为"境"和"有境"的不平衡所造成的。何谓"境"和"有境"？"境"就是指客观的环境，"有境"就是指主观心境。就像"境"在不停地变化一样，我们也应该对"有

第五章 以博大的心胸稀释痛苦

境"进行相应的把握，进退取舍，使其与客观规律相符合。

其次，世界上所有的事物都是波浪式前进、螺旋发展的，都是运动、发展、变化的。未来的世界也不会停滞不前，也会时刻都在变化。在这千变万化的社会大潮中，人们的身心也会时刻不停地变化。随着人类社会的演变，人们的观念、思想、行为也在变化。大家回过头想想，我们以前的得失、痛苦、幸福、快乐，现在是不是找不回来了？那么，我们在以后回想现在的痛苦、得失，是不是也不再是痛苦，不再是得失？所以我们应该用无常无为的观点来调整自己的内心，放下执著心，使外部世界的变化和内心世界的变化保持适当的平衡，我们就会生活得潇洒自在了。

佛家常叫人"莫执著"，其实是叫人莫生"执著心"。佛家认为世间万物的生长都是由"因缘和合"而成，顺其自然就好。莫生执著心，这大概是杜绝贪、嗔、痴的最好方法——无欲、无求、无动。执著自然也是有它的快乐所在的，世间的物质生活，莫不是由执著心产生出来的。

所以，按照自己的思想和性格去生活，不断地完善自己的心，不强求，不退缩，顺其自然，不要随波逐流，这样走下去，就可以从痛苦的泥淖中走出来。

4.经历了苦楚，才能品味生活的甘甜

因为失败,我们学会了拼搏；因为伤害,我们学会了爱；因为当众出丑，我们学会了处理尴尬；因为错过，我们学会了珍惜；因为遗憾，我们学会了抓住机遇……人生之中经历过的每一种创伤，都是一种成熟的前提，每一种创伤都是一种历练，而不是一种无奈的惩罚。不要为自己遭受的挫折创伤而贬低、否定、惩罚自己那已经比较脆弱的心灵，好好地重新整理自己的心情和人生，带着这种创伤、教训留下的疼痛和成熟继续上路。

第五章 以博大的心胸稀释痛苦

在人生的道路上，我们会无数次被来自四面八方的种种艰难险阻、恶雨腥风、明枪暗箭所击倒，被"莫须有"的罪名所欺凌，甚至可能被碾得粉身碎骨。面对这些，我们可能会觉得自己一文不值。但无论发生什么，或将要发生什么，我们永远不会丧失自身的价值。要知道，创伤是一种成熟的历练，而不是无端、无奈的惩罚。

一个人生活的方方面面，在一辈子当中要经历很多很多的欢乐、悲伤，欢乐是人生中的闪光片段，而悲伤则是一道永远无法抹去的疤痕。在你的内心深处的苦痛、苦楚，没有人可以看见，没有人可以体谅，没有人可以感觉得到。即使在你笑容满面时，即使在你辉煌美丽、无人可及时，那道疤痕也不会随着这样美好的时刻而消失，它还是深深地刻在你的心底。每到人群散去，每到好戏落幕，那种疼痛会毫无悬念地如期卷土重来，让你在刻骨铭心的、深深的记忆中，重新体验一遍遍的伤痛。

曾记得鲁迅先生曾经说过这样一段发人深省的话："真正的猛士，敢于直面惨淡的人生，敢于正视淋漓的鲜血……"没错，每一个人，从出生到成长，每一天、每一件事情都是未知的，都是必须经历的。我们每一个活着的人都是勇士，因为我们敢于面对未知的明天，我们敢于追求未来。勇士会用坚强的心来承担这份生活的苦楚。在这样的勇气之下，伤痛会涅槃为一种成熟的智慧。拥有这样的智慧，我们才能读到读懂人生，并且能够有一份淡然的心态，面对人生中的种种变化，达到"不以物喜，不以己悲"的人生境界。

伤痛是一种成长，一种成熟。换个说法则是，只有品尝过人生的苦楚，我们才能变得成熟和练达。苦楚是达到成熟的彼岸的必经之路。所以，用一种正确的心态来面对人生的变故吧！人生难得几回头——品味过苦楚，才知道甘甜慢慢地走过，慢慢地成熟！

5.完美主义是一个漂亮的陷阱

希望自己的形象变得完美一点儿,希望自己做事完美一点儿,将完美作为自己的一个努力方向,这当然很好。然而有很多人不仅仅是在追求完美,而是处处苛求完美,将其当成了自己一生的终极追求,以致掉进了"完美"这个漂亮的陷阱,随之而来的是心情焦虑、紧张、孤独,精神备受折磨。

2008年8月17日,在北京奥运会女子竞技体操决赛场上,我国女子竞技体操名将程菲两次失手。一次是她最拿手的跳马。众所周知,她的跳马技术,堪称当时女子跳马最高水平。在2005年墨尔本世锦赛上,程菲一鸣惊人,就是凭借她的高水平发挥,不仅夺得中国首个女子跳马世界冠军,她的新动作还被国际体坛命名为"程菲跳"。在2008年的奥运会上,仅有一名选手会跳"程菲跳"。所以,人们都以为这块金牌非她莫属。比赛开始了,她的第一跳以完美的表现获得全场最高分16.075分。然而在第二跳自己的"程菲跳"时,她却跪在了地上。这是她第一次在最拿手的动作上翻了船。

在接下来的第二个项目自由体操上,程菲又摔在了垫子上。如果说第二次失手是因为她还未走出上一个项目失败的阴影,思想上有包袱,情有可原。那么第一次失手就是因为她过于追求完美。她为了把自己的最高水平展现给奥运会,展现给全世界的观众,结果适得其反。如果她不是为了追求更完美,而是稳中求胜,程菲跳"程菲跳"何至于失败!

追求完美本身是好事，这是值得提倡的，尤其是比赛场上，只有这样才能不断地挑战自我，超越自我。在竞争如此激烈的赛场上，如果你不进步，那就意味着被淘汰。但是，凡事都有一个度，过于热衷于完美，就会与自己的初衷脱节。

哲人说："完美本是毒。"生活中，如果事事追求完美，那其实是一件痛苦的事，就如毒害心灵的药饵！世界上总是有很多人坚持完美主义，他们对那个永远都不可能实现的目标孜孜不倦地追求，表面上他们多么勤奋和努力，实际上他们是在浪费时间。

> 有一位伟大的雕刻家是一位完美主义者，他所完成的雕像达到了以假乱真的地步，令人难以区分哪个是真人、哪个是雕像。
>
> 有一天，死亡之神告诉雕刻家：他的死亡时刻即将来临。
>
> 雕刻家非常伤心，他和所有的人一样，也害怕死亡，也不想死亡。他冥思苦想了很久，最后终于想到一个好方法，他做了11个自己的雕像。当死神来敲门时，他藏在那11个雕像之间，屏住了呼吸。
>
> 死神感到困惑，他看到了12个一模一样的人，他无法相信自己的眼睛，从未发生过这种事，从没听说过上帝会创造出两个完全一样的人，这个世界上的每个人都是唯一的。
>
> 这是怎么回事？死神无法确定自己究竟该带走哪一个？他只能带走一个，却无法作出决定。死神带着困惑回去了，他问上帝："你到底做了什么？居然会有12个一模一样的人，而我要带回来的只有一个，我该如何选择？"
>
> 上帝微笑着把死神叫到身旁，在死神耳旁轻声地说了一句话。
>
> 死神问："真的有用吗？"
>
> 上帝说："别担心，你试了就知道。"

第五章 以博大的心胸稀释痛苦

死神半信半疑地来到那个雕刻家的房间，往四周看了看，说："先生，一切都非常的完美，只是我发现这里还有一点儿瑕疵。"

这位追求完美的雕刻家完全忘记了自己此刻的处境，他立即跳了出来问："什么瑕疵？"

死神笑着说："哈哈，我终于抓到你！这就是瑕疵——你无法忘记你自己。连天堂都没有完美的东西，何况人间！走吧，你的死亡时刻已经到了！"

是啊，天堂都没有完美的东西，何况人间？

你是不是也像这个雕刻家一样，事事追求完美？你是不是总是要求自己在工作上做到尽善尽美？你是不是会因为鼻子上有一块不用放大镜就看不到的斑点而不敢照镜子，甚至要去整容？你是不是在等待一个完美的爱人？你是不是一直渴望结交一个没有任何缺点的朋友？你是不是一心要找个待遇好、地位高、又很轻松的单位上班？你是不是在比赛的时候一定要赢，否则就不参加比赛？别做梦了，你只是在浪费你的时间！

如果你发现花再多的努力也不会让最后的成果有显著改善，那就别再过度地在这项工作上花费精力了。当然，这不是让你故意偷懒或不尽力把事情做好，而是你的工作已做得不错，再花更多的时间在上面就是浪费。对大多数的项目来说，做好90%以上就已经算相当好了。科幻小说作家阿西莫夫就说："我不是完美主义者，我再回头看自己所写的书时，一点儿不会感到遗憾或担心。"

19世纪法国诗人穆塞特曾写下这段话："完美根本就不存在，了解这句话的人就等于了解人性智能的极致，期待拥有完美是人类最疯狂、危险之举。"

挂在墙上的画可能很漂亮，我们可以将其作为艺术品来欣赏，但不要以为我们的生活和人生会真的像画一样，甚至要求自己成为画中的人，那不现实，而且只是徒劳。

"上天是公平的，它赐予每个人以生命与死亡。""上天是不公平的，它赐予每个人令别人羡慕乃至忌妒的优点，同时也赐予使人抱憾、同情、扼腕等种种缺陷。"所以我们不必苛求完美。

6.聪明人为自己制造甘甜

人生之路漫长而曲折，没有人可以预料他在下一个人生路口会遇见什么，是苦，是酸，是甜，都不知道。然而有那么一种人，他们能把苦日子过甜。因为他们就是为自己制造甘甜的人。

有一个女人30多岁的时候被查出患了乳腺癌，刚刚做完切除手术后，她的丈夫就与她离了婚。她带着只有5岁的儿子生活，整天垂头丧气，常常泪流不止。很长一段时间，她都打不起精神。她说，那时感觉天空都是灰色的。

有一天，她站在镜子前，看到了一张陌生的脸，面容憔悴，皮肤粗糙，眼圈发黑，眼神呆板而茫然。她当时就吓了一跳，自己原来那张年轻、俊美的脸到哪里去了？她想日子总是要过的，与其在痛苦中挣扎，不如快乐地过。

从此，她开始打扮自己，每天都神采奕奕地出门，工作作出了成绩，得到了领导和同事的认可。此外，她用业余时间搞文学创作，发表了许多文学作品，收到大量的读者来信。她活得越来越充实。

她随身带着一面小镜子，无论走到哪里，只要有时间，她就会拿出来照一照，她不是检查自己的妆容，而是对着镜子练习微笑。她说，这是她与周围人相处融洽的一个法宝，因为她常常对

人们友善地微笑，所以人们也同样回报她以微笑。

人们从这位女人的脸上看不出一丝生活的悲苦，她的笑声里不藏一点儿命运的不幸。她没有悲叹，没有牢骚，没有抱怨，有的是对生活的积极、乐观、豁达与从容，有的是绽放在脸上的明媚的笑容，有的是自内而外发散出来的人格馨香。

命运之舟背负着我们一路前行，总会有人在某个弯曲的河滩搁浅，这时候，若是整日哀愁叹息、一个人牢骚满腹，只会给自己的生命涂上更重的灰色，失去前行的方向。其实，一个人只要拥有豁达乐观的心态，再苦的日子也能品出丝丝甜意。

托尔斯泰在他的散文名篇《我的忏悔》中讲了这样一个故事：一个男人被一只老虎追赶而掉下悬崖，庆幸的是在跌落过程中他抓住了一棵生长在悬崖边的小灌木。此时，他发现头顶上那只老虎正虎视眈眈，低头一看，悬崖底下还有一只老虎，更糟的是，两只老鼠正忙着啃咬悬着他生命的小灌木的根须。绝望中，他突然发现附近生长着一簇野草莓，伸手可及。于是，这人拽下草莓，塞进嘴里，自语道："多甜啊！"

在生命进程中，当痛苦、绝望、不幸和危难向你逼近的时候，你是否还能顾及享受一下野草莓的滋味？"尘世永远是苦海，天堂才有永恒的快乐"，这是禁欲主义编出的用以蛊惑人心的谎言，而苦中求乐才是快乐的真谛。只要你有一颗乐观的心，即使是苦日子里也有甜的味道。

什么是苦日子？也许有人认为是贫穷，是从不知黄金珠宝为何物的清淡时光。事实是快乐与财富不能画等号，快乐与地位也没有关系。真正诠释快乐和幸福的人，不是富豪，不是权贵，往往是那些地位平凡甚至地位卑微的人，他们用自己的行为向人们诠释了快乐的内涵：幸福不在于外在环境多么优越，而全取决于自己的心境！也许还有人认为，苦日子是遭遇了不幸的打击，实际却是不幸也没有剥夺人们快乐的权利。比如，诺贝尔发明炸药,屡试屡败,他最终浑身是血地从火堆里边爬边兴奋地高喊:"我成功了!"

日子是苦是甜,并没有一个标准可以界定,只要我们的心态是积极的、乐观的,那么即便是苦日子,也能过出甜滋味。生命给我们酸苦,我们自己制造出甘甜,无须等待上天赐福。只有这样,我们才能更深刻地领悟生命的意义。

7.学会接受无法改变的事实

很多时候,我们都喜欢假设,假设自己非常漂亮、身材又好,假设当初能再坚持一下,假设自己嫁给了爱自己的人、而不是自己爱的人,假设第一次创业没有失败,等等。如果这些假设都能够成立,那么这个世界一定会变得非常完美,至少是我们认为的圆满。

遗憾的是,人生不过是一张单程车票,所有走过的、经历过的都成为不可更改的事实和历史。如果这些事实是幸运的,带着祝福,带着快乐,我们自然愿意欢欢喜喜地接受。如果这些事实是不幸的,带着伤害,带着眼泪,我们自然就会排斥,不愿接受,就会掉进各种假设的陷阱,悔恨、懊恼、失望、自责,直至身心俱疲。无论我们愿意接受还是不愿意接受,这就是生活的真相,且无法更改一丝一毫。

有个成语叫"木已成舟",听到这个词,就会觉得人生有很多无奈,人生的有些事情是我们不能把握和控制的。既然已经既成事实,我们就不要再为成舟前的那块木头作各种假设,也许在能工巧匠的手下,它可能变成一张典雅而高贵的梳妆台,或者经过各程序的加工变成一张张洁白的纸。在没有变成舟之前,它的命运有很多种。可是,既已成舟,意味着它"放弃"了其他所有可能的命运,只能以舟的形式存在着,就算人们不喜欢,甚至厌恶,也不能改变。

在我们的生活中，不是经常面临着木已成舟的事实吗？比如，我们没有生在经济发达的大城市，高考的时候遭遇了变革，大学所读的专业不是自己喜欢的，毕业后又碰上几百几千人为抢一个饭碗挤破脑袋的局面……比这更让人难以接受的是，我们的身体天生就不完美。面对这些，有的人抱怨自己没有生在一个更好的时代，抱怨上天对自己是多么的不公平。可是，抱怨的结果又能怎样呢？也只能是白白地增添悲伤和烦恼，或者把自己推进一个看不到希望的人生沼泽地。

既然木已成舟，再多的抱怨也无济于事，我们就只能接受，接受遭遇的不公，接受生活的真相。就像打扑克，我们无论抓到的是一手好牌还是烂牌，都要想办法，争取发挥出最高的水平去赢。勇于接受生活真相的人，才能成为真正的强者。

不要抱怨上天给予自己的不够多，也不要抱怨自己的命运是如何的坎坷，很多有成就的人，比如霍金、贝多芬、海伦·凯勒，并不是因为上天多么垂青他们，而是因为他们勇于接受事实，接受生活的真相。

有人说，不幸是催生美好的力量。没错，如果曹雪芹没有经历颠沛流离、人生失意的挫折，我们能阅读到《红楼梦》那不朽的巨著吗？如果李白真的官场得意、平步青云，他还能吟出千古传诵的浪漫诗篇吗？

遭遇不幸，更多的人会拿假设来慰藉自己，这本无可厚非，但若是沉溺其中，这些假设就会成为人们心灵的枷锁，成为束缚人们追求成功的羁绊。所有发生的事情，都是注定无法改变的事实。我们若想否认这些事实，其实就是在否定我们自己。我们要学会接受真相，不和过去的任何事情较劲，才有精力去"改造"自己不尽如人意的命运。

有人说：人生因为遗憾而美丽！如果我们不能把不幸看做是上天给我们的另一种恩宠，那就不妨试着让自己接受。人生十有八九不如意，如果一味地抱怨生活，天空就永远布满阴霾；我们只有学会接受，天空才会是一片艳阳天。

8.努力适应不公平的现实

比尔·盖茨说："生活是不公平的，你要去适应它。"的确，几乎是从我们出生的那一刻起，不公平就显现了出来，一些孩子降生在宾馆一样的病房里，一些孩子则降生在自家黑糊糊的炕头上。到了上学的年龄，一些孩子穿着新衣，背着新书包，踏进了美丽的校园，而一些孩子却只能眼睁睁看着别人背着书包暗自伤神。该工作了，一些孩子凭学历、靠关系进了著名的企业或事业单位，一些孩子没有学历，没有关系，只能以从事最脏、最累的体力劳动来维持生活……

当然，大多数人虽然没有前者那么优越，也没有后者那么凄惨，而是处在一个中间的水平，但是仍然能处处感觉到不公。自己的父母为什么是偏远地区的农民，而不是城市里的知识分子？自己大学毕业的时候，为什么偏偏赶上国家不再分配工作？为什么到了自己该成家立业的时候，房价较几年前翻了数倍？为什么自己拼命地工作，老板却把晋升的职位给了他的一个亲戚？

生活中不公平的事情实在是太多了。很多人为此仇视不公平，背地里唉声叹气，指责抱怨，这或许能解一时之气，但不能改变现实。比尔·盖茨的方法就是"你要去适应它"。你是否考虑过如何适应这样的不公？

在遭遇不公的时候，更多的人想的是改造环境，改变不公，其实，这多半是行不通的。试想，如果你大学毕业被分在基层工作，一边愤愤不平，一边敷衍工作，那么你有什么机会升职呢？你的上司会认为你连这么简单的事情都做不好，你根本不会有能力去做更高级的工作。

要想改变不公，唯一的方法就是比尔·盖茨说的"你要去适应它"。只有适应环境，才能改造环境。在这个竞争激烈的社会，即便你有满腹

的才华，也不一定有机会一下子做到企业的高层。比如，你大学毕业，却不得不从公司最基层的工作做起。你有什么办法改变它吗？没有，你只有先适应，才能有机会。适应就是踏踏实实地去做，就像希尔顿一样：哪怕是洗一辈子马桶，也要做个洗马桶最优秀的人！

不想当元帅的士兵不是好士兵，但成为元帅之前，你必须是一名最优秀的士兵，否则你永远没有机会成为元帅。个人成长，首先要适应环境，包括人际关系，如果你不适应环境，不能生存，又谈何发展？

如果这个世界像我们捏泥人的游戏一样就好了，我们可以按照自己的意愿把任何人捏成我们想象中的样子。但是这怎么可能呢？别人只能是别人的样子，甚至连我们善意的忠告他们都懒得听，更别说接受我们的改造了。

也许你会说："我从来没有想过去改造别人呀！"其实，这种企图改造别人的心理或者行为每个人都有，只不过你没有意识到罢了。当别人不能适应我们，不能按照我们要求的去做的时候，矛盾和冲突就产生了。可以说，人际关系的不和谐，多半是因为我们试图让别人适应我们而造成的。所以，当你觉得自己的人际关系不尽如人意的时候，不要把责任归咎于别人，要多从自己身上找找原因。与其去改变别人适应自己，不如改变自己适应别人，毕竟只有我们自己才受自己掌控。

改变自己，适应别人，是为了营造更和谐的人际关系。当一个人不再对别人要求苛刻，不再要求别人适应自己，而是通过他人的镜子、现实的镜子或者是历史的镜子来剖析自己、调整自己，通过改变自己去适应别人的时候，才是他走向成熟和理智的标志。

生活是不公平的，如果我们无法适应，不敢面对现实，没有足够的勇气去接受现实的挑战，整天活在忧郁之中，怨天尤人，那么我们就等于被生活击垮。与其这样，我们不如思考如何更好地去适应生活的不公。我们唯有适应当下的环境，才会有机会去改变自己的处境。

不要奢望自己成为上天的宠儿。假如生活欺骗了你，给了你诸多不公平的待遇，那么请你接受比尔·盖茨的忠告："你要去适应它。"

9.感谢那些伤害你的人

什么是现实？什么是邪恶？为什么会有伤害？每一个人都无法准确地回答。人活在这个世界上，并不是孤独的一个人，如果他们与周围的人不同，他们就会成为别人眼中的另类。

人生是自己的，只要自己清楚自己想要走的路，不必在乎别人怎么看。尽管如此，我们却一样还会受到伤害。是我们太单纯，还是别人太邪恶？或许是因为我们还没有成为他们那样的人，也许只有我们成为了他们那样的人，才会理解他们的想法。如果真的有那么一天，也许我们可以心安理得成为他们的同伴。

如果仅仅只是为了让自己不再心痛，不再受伤，就将自己变成另外一个人，以为这样可以合群，这可就错了。就算我们变得和他们一样，也不会成为他们的同伴。因为他们是没有同伴的，所谓同伴，只是在利益的驱使下暂时走在一起的人，一旦利益关系消失，一切就都结束了。

勉强自己变成另外一个连自己都憎恨的人，这是多么痛苦的事情。丢掉自己正义、良知，只为了不再被他们伤害。其实丢掉了一切又怎么样？最后还是一样地受伤。

当我们拿花送给别人时，首先闻到花香的是我们自己；当我们抓起泥巴抛向别人时，首先弄脏的是我们自己的手。因此，要时时心存好意，脚走好路，身行好事，惜缘种福。很多时候，我们需要给自己的生命留下一点儿空隙，就像两车之间的安全距离，可以随时调整自己，进退有秩。生活的空间，需要清理挪减而扩大；心灵的空间，则经思考领悟而拓展。

人生失去平衡怎么办 RENSHENG SHIQU PINGHENG ZENME BAN

打桥牌时，我们手中所握有的这副牌不论好坏，都要把它打到淋漓尽致。人生亦然，重要的不是发生了什么事，而是我们处理它的方法和态度。假如我们转身面向阳光，就不可能陷身在阴影里。光明使我们看见许多东西，也使我们看不见许多东西。假如没有黑夜，我们便看不到天上闪亮的星辰。

因此，即便是曾经一度使我们难以承受的痛苦，也不会是完全没有价值的，它可以使我们的意志更坚定，思想人格更成熟。当困难与挫折来到眼前，我们应当平静地对待，乐观地处理，不要在人是我非中彼此摩擦。有些话语虽然看起来不重，但稍一不慎，便会重重地砸到别人心上。同时，我们也要训练自己，不要轻易地被别人的话扎伤。

郭敬明是中国目前很受欢迎的青春小说作家，他在博客中讲述过这样一个感人故事。他在爸爸50岁生日的时候，买了一辆车给爸爸。在爸爸收到汽车的第二天，发现报纸上有一张爸爸的照片。爸爸坐在汽车上，手握方向盘，有一点儿害羞，非常高兴地笑着。而报纸的大标题却是："暴发户的可笑嘴脸。"在接到爸爸电话的时候，爸爸依然很高兴，反复地和敬明说："儿子，爸爸很高兴，就是太贵了，唉，突然买这么贵的东西……谢谢明明。"他随口问了爸爸照片的事。爸爸有点儿担心地问："是不是我不该拍照？其实我也和他说了不要拍……"他忙说："没事没事，照片挺好！"他匆匆地挂了电话，眼泪从眼眶一下子翻涌出来。然后，他买光了周围所有的报纸。他在自己一部作品的醒目位置写道："感谢曾经帮助和支持我的人，谢谢你们的指引和鼓励，照耀了那些黑暗而漫长的路。感谢一直憎恨和讨厌我的人，是你们掘凿出更深的痛苦，让我以后的幸福填充得更为丰盈。"

感谢那些伤害你的人吧！是他们教会你坚强，是他们给了你失败的经验，是他们让你学会要想在这个世界上生存，就要学会保护自己。在这个世界上，不是对每一个人都可以真诚相待的。对那些真诚的人，当然要以加倍的诚意去回报。但是，对于那些虚伪的人，则要想办法保护自己。

感谢那些伤害你的人吧！当再一次发生同样的事的时候，你就会知道该怎么做。他们的伤害、欺骗和利用，是你人生的经验。是他们让你看清了现实与理想的距离。

第五章 以博大的心胸稀释痛苦

第六章　保持能量与欲望的平衡

一个人有多大的能量,就有多大的欲望。怎样保持能量与欲望的平衡?通过阅读本章,读者在科学评估自身能量之后,不仅能掌握开启心灵能量的法则,更能进一步给自己的能量和欲望找到一个平衡点,从而创造出人生的最大价值。

1.看看自己的能量有多大

物理学家已经证明,我们这个世界上所有的固体都是由旋转的粒子组成的。人在不同的体格和精神状态下,身体的振动频率不同。这些粒子有着不同的振动频率,粒子的振动使我们的世界表现成目前的样子。我们的身体也是如此。美国著名的精神科医师大卫·霍金斯博士,运用人体运动学的基本原理,经过20年长期的临床实验,其随机选择的测试对象横跨美国、加拿大、墨西哥、南美、北欧等地,包括各种不同种族、文化、行业、年龄的区别,累积了几千人次和几百万个数据资料,经过精密的统计分析之后发现:人类各种不同的意识层次都有其相对应的能量指数,人的身体会随着精神状况而有强弱的起伏。

我们可以根据霍金斯博士人体运动学的基本原理,通过对结果的描述来印证一下自己的能量级,以便使自己在人生的道路上让欲望与能量保持在一个相对平衡的状态,从而增加成功指数。据说大多数人的潜意识水平在200左右,也就是勇气那一块。在勇气以上作潜意识循环叫良性循环,人可以进行自我改变;在勇气以下作循环叫恶性循环,人将会受不良情绪的影响很深。现在概述如下。

根据霍金斯博士的"意识地图"理论，人的意识亮度由低至高可分为17个层级。以200的"勇气"为基准，居于其上的8个层级的意识状态可称之为"能力"，居于其下的8个层级的意识状态则被称为"压力"。霍金斯博士遇到过的最高、最快的频率是700，出现在他研究德蕾莎修女的时候。当德蕾莎修女走进屋子里的一瞬间，在场所有人的心中都充满了幸福，她的出现使人们几乎想不起任何杂念和怨恨。振动频率1000被称为是神的意志或精神。传说耶稣在村子里出现时，使围上来的人们心里除了耶稣什么都没有。

700～1000，这是历史上所有创立了精神模范，让无数人历代跟随的伟人的能量级。这是强大灵感的能量级，这些人的诞生，形成了影响全人类的引力场。在这个能量级中，人们不再有个体与个体之间的分离感，取而代之的是意识与神性的合一。这是人类意识进化的顶峰。到来这个能量级，不再对身体有"我"的执著，不再对其有关注。身体成了意识降临头脑的一个工具，它的首要价值就是连接这两者。在历史上达到这么高智慧能量级的人，是伟大的佛陀、耶稣，等等。

600这个能量级表示平和、安详、极乐，这个能量层级和所谓的卓越、自我实现等意识有关。它非常稀有，大概1000万人当中才有一个人能够达到。一旦达到这个能量级，内与外的区分就消失了，感官被关闭了。虽然在其他人眼里这个世界还是老样子，但是在这人眼里世界却是一个，和宇宙源头一起进化，不断地流转。这是一种非同寻常、无法言语的现象，所以这人的头脑保持长久的沉默。

500这个能量级表示爱是无条件的爱，是不变更的爱，是永久性的爱。这种爱不会动摇，它不是来自外界因素，而是存在的基本状态，是宽容、滋养和维持这个世界。它不是知性的爱，不是来自头脑的爱，它是发自心灵的爱。爱总是聚焦在生活美好的那一面上，并且增大积极的经验。这

是一个真正幸福的能量级。这里的爱并非通常意义上各种媒体所描述的爱。通常意义上的爱，很容易就带上愤怒和依赖的面具，它一旦受到挫折，立马就能转变成愤恨。引发愤恨的爱是来源于骄傲，而不是真的爱。

400 这个能量级超越了感情化的较低能量级，进入有理智和智能的阶段。这是科学、医学及概念化和理解能力形成的能量级，是诺贝尔奖金获得者、大政治家和高级法庭审判长的能量级。爱因斯坦、弗洛伊德以及很多历史上的思想家都是这个能量级。这个能量级的人的缺点是，过于关注对符号和符号所代表的意义的区分。在我们的社会中，能超越这个能量级的人真是凤毛麟角。

350 这个能量级会发生一个巨大的转变，那就是了解到自己才是自己命运的主宰，自己才是自己生活的创造者。这个能量级的人处在主动层次上，通常会出色地完成任务，并极力地获得成功。这个能量级的人的成长是迅速的，他们是为促进人类进步而预备的人选。这个能量级的人通常是真诚而友善的，总能有助于人，也易于取得社交和经济上的成功，他们对社会的进步作出贡献。他们乐意面对内在的状况，具有从逆境中崛起并学到经验的能力，他们都能够自我调整。他们能够看到自己的不足，学习别人的优点。

250 这个能量级的能量变得很活跃。一个人到来这个能量级，意味着对结果的超然，不会再难以面对挫败和恐惧。这是一个有安全感的能量级。到了这个能量级的人们，都是很容易相处的，而且让人感到温馨、可靠。因为他们无意于争端、竞争和犯罪。这样的人总是镇定从容，不会强迫别人去做什么。

200 这个能量级才显端倪。这个能量级的人具有勇气，能够拓展自我、获得成就，坚忍不拔、果断决策是其根基。在比其更低的能量级的人看来，世界是无助的、失望的、挫折的、恐怖的。而在具有勇气的能量级的人看来，生活是激动人心的、充满挑战的、新鲜有趣的。在这个能动性的能量级，人们有能力去把握生活中的机会。因此此种人个人成长和接受教育是可行的途径。

150 这个能量级表明，如果人们能够跳出冷漠和内疚的怪圈，并摆脱恐惧的控制，他们就开始有了欲望，欲望则带来挫折感，接着引发愤怒。愤怒常常表现为怨恨和复仇心理，它是易变而且危险的。愤怒来自未能满足的欲望，来自比其更低的能量级。挫败感来自于放大了的欲望。愤怒很容易就导致憎恨，它会逐渐地侵蚀一个人的心灵。欲望意味着贪婪，一个欲望会强大到比生命本身还重要。愿望可以帮助人们走上有成就的道路，欲望却能成为人们到达更高层次的跳板。

100 这个能量级的人看世界，到处充满了危险、陷阱和威胁。一旦人们开始关注恐惧，就真的会有数不尽的让人不安的事来临。之后，人们就会形成强迫性的恐惧，这会妨害人们个性的成长，最后导致压抑。因为它是让能量流向恐惧，所以这种压抑性的行为不能使人提升到更高的层次。

50 这个能量级表现为贫穷、失望和无助。这个能量级的人的眼中，世界与未来都没有希望。冷漠和无助，让这些人成为生活中各方面的受害者。他们缺乏的不止是资源，他们还缺乏运气。除非有外在的帮护者提携，否则他们很可能会潦倒至死。

30 这个能量级表现为内疚、懊悔、自责、受虐狂，以及所有的受害者情结。无意识的内疚感会导致身心的疾病，甚至带来意外事故和自杀行为，也表现为频繁的愤怒和疲乏。

20 这个能量级表现为羞愧，几近死亡，它犹如是无意识的自杀行为，常常会夺去人的生命。在羞愧的状况下，人们恨不得找个地缝钻进去，他们总是希望自己能够隐身。这种严重摧残身心健康的状况最终会让人们的身体致病。

科学早已揭示，宇宙间万物的本质是能量，一切都靠能量的转变而运

作。这里要透露一个更大的秘密：之所以多数人根本没有去接触经典（文学著作、音乐、绘画名作等），是因为他们的能量水平和经典的能量水平根本不相应，他们无法与经典保持共振，也就理所当然地不会去读经典了。万物的能量，不论是书籍、食物、水、衣服、人、动物、建筑、汽车、电影、运动、音乐，等等，统统都有一个确定的能量级，有个更高的能量把每个人、每样东西都连接了起来。有关测试表明，少数高能量级的人的能量等同于大量低能量级的人的能量总和。

宇宙中造化的能量永远是正性的，负面能量来自于人类自己的意念，相比之下，正性能量比负性能量强千万倍。事实上，越使用正面的能量与信念，能量越强大，遇到困难也就越容易解决，越有力量修复自己、帮助自己。信念的力量无穷大，心存善念，相信自己的信念，我们就可以改变自己的人生，因为"念"转"运"就转。我们时时让心灵的信念维持在正向的角度，不仅可以帮助自己，还可以帮助身边的人，而且这样的能量源源不绝，永远不会用完。

一个人的能量级有的时候高，有的时候低，他的能量级水平是所有这些时候的平均数。能量级的起伏跟一个人的心境直接相关。长时间让自己处在祥和、喜悦，充满爱的心境，自然就会提升人们的平均能量层级。霍金斯博士说："假若一个人对生活和人生的温度是0℃以下，那么这个人的生活状态就会是冰，他的整个人生、世界也就不过他双脚站的地方那么大。""假若一个人对生活和人生抱着平常的心态，那么他就是一掬常态下的水，它能奔流进大河、大海，但它永远离不开大地。""假若一个人对生活和人生是100℃的炽热，那么他就会成为水蒸气，成为云朵，它将飞起来，不仅拥有大地，还能拥天空。他的世界和宇宙一样大。"

2.开启心灵能量的七大法则

（1）纯能量

该法则基于这样一个事实。即我们处于最本质的状态时是潜意识状态。潜意识即纯能量，这是一个具有无穷可能性和无限创造性的场。潜意识是我们精神的重要组成部分，无边无际，无穷无尽。无限的寂静、完美的平衡、坚不可摧、朴实无华，这些都是我们精神本质的特性，它们是一种纯能量。

一旦你发现了你的本质特性，明白了真正的你是什么，有了自知之明，你就能实现你的梦想。因为你就是过去、现在和将来这一切的无限可能性和无限潜能。纯能量法则也可称作宇宙法则，它构成人生色彩斑斓的基础。它是单一的、无处不在的精神。人与能量场是密不可分的。纯能量场就是人的真正"自我"。一个人对自己的真正本性领悟得越多，他离纯能量场就越近。

随着你对自己真实本质了解的增多，你还会自然而然地获得创造性的思想，因为纯能量场同时也是无限创造力场和知识场。你与大自然配合得越默契，你接近其无穷无尽的创造力的机会就越多。当然，首先你得跨越你内心的骚乱，去与大自然丰富多彩、无所不能的创造性头脑沟通，然后你才能够保持博大无垠的创造性的头脑，使你能独立于环境、处境、其他的人和事物之外，不受其约束和影响。

当你默默地体会到这两种对立物能达到一种近乎完美的共存即阴阳平衡的状态时，你便与能量的世界结缘了。能量的量子场，是物质世界的源泉。这个世界处于动态的、有弹性的、不断变化的运动之中。

当你与能量世界连接中，你就能够全方位地施展你的创造性，即你的注意力所及之处，你的创造性都可以得到发挥。无论你身处什么喧闹的

场合,你的内心都要静如止水,这样,你周围闹哄哄的环境就永远也别想占上风,你将顺利地通往创造力的宝库,这个宝库就是纯能量场。

(2) 给予和接收

宇宙是通过动态交换来运转的,没有东西是静态的。你的身体随时随刻都在不停地与宇宙体进行动态交换,你的大脑也无时无刻不在与宇宙的大脑相互交流沟通,你的能量是宇宙能量的一种表现形式。你生命中各种元素和力量之间的和谐相互作用是按照给予法则运转的。因为你的身体和大脑始终都在与宇宙进行动态交换,终止能量的流通无异于终止血液的循环。

在这里,收受和给予实际上是一回事,因为给予和收受是宇宙间能量流的两个不同的方面。如果你堵住这条源流的任何一头,你就会与大自然的能量交换产生冲突。

每一粒种子里面都蕴涵着千万片森林的厚望,然而这粒种子绝对不能被囤积起来,它必须把自己交付给肥沃的土壤,这样,它那看不见的能量就会化作物质表现出来了。这就是说,你只要付出,你就会有收获,因为你将使得宇宙的富有在你的生命里不断地流通循环。

如果你想得到快乐,那就给别人以快乐;如果你想得到爱,那就学会奉献爱;如果想得到别人的关心和欣赏,那就学会关心别人,欣赏别人,如果你希望物质上的富裕,那就帮助别人在物质上变得富裕。哪怕是给予他人的想法、祝福他人的念头或一句简单的祈祷,都有着影响他人的力量。

要让给予法则运转起来,启动整个流通循环过程,最好的途径是无论什么时候接触到任何人,你都给予他们一点儿什么,不一定是物质的东西,既可以是一朵鲜花,也可以是一声称赞,或者一句祈祷。其实上,关怀、关心、仁慈、欣赏和爱是你能送给别人的最珍贵的礼物。

（3）因果

"因果"是一种具有能量的力，这种力会以同样的方式回到我们身上。因果法则中所讲的东西，没有一样是我们不熟悉的。我们都有听说过这样一种说法，"种瓜得瓜，种豆得豆"。显然，如果我们希望在生活中获得幸福，我们就必须播下幸福的种子。因此，因果也指有意识的选择行为。

无论你喜不喜欢，此时此刻正在发生的一切，都是你过去作出的选择的结果。不幸的是，我们许多人都是在无意识中作出选择的，因而我们不认为它们是自己的选择——然而，它们确实是我们自己作出的选择。

在别人争分夺秒地选择时，你都可以问自己两个问题："我所作的这个选择会带来什么样的后果？""我此刻所作的这一选择能给我和周围的人带来幸福吗？"如果答案是肯定的，那就放心大胆地选择好了。如果答案是否定的，这一选择会给你或别人带来痛苦，那就不要作出这个选择。问题就这么简单。

你越是能把自己的选择提高到积极的、有意识的层次，你就越能为你和他人作出更多的正确的选择。

（4）最省劲

该法则就是"无为"和不对抗原则，也就是和谐与爱心原则。通过这个法则我们能轻而易举地实现自己的愿望。

最省劲法则包含三个成分：第一是接受。所谓接受，就是你无论碰上什么样的人、什么情况、什么处境和什么事件，都将要接受、忍受。这就意味着你要明白，此刻本来就应该是这样，因为整个宇宙就是它应该的样子。此刻——你正在经历的这一刻——是你过去所经历过的所有时刻的顶点。存在就是合理，此刻就是它实际上的样子，因为整个宇宙就是它实际上的样子。

第二是责任。责任意味着不因为你现在的情况——包括你自己——而怨天尤人。接受了这个处境、这个事件、这个问题之后，责任则意味着对目前这样一个情况承接起相应的责任。所有问题里都蕴涵着机遇的种子，而责任意识容许你接受此刻并把它变成一个更有利的情况，或者变成一种更好的事情。

第三是不作辩护。不作辩护，就要摈除说服别人相信你的观点的欲望。观察一下身边的人，你就会发现，他们把99%的时间都用在了为自己的观点作辩护上。如果你摈除了为自己的观点辩护的欲望，那么你会将以前浪费掉的大量精力找回来。

当你对一切观点都能敞开胸怀，而不是死守一个观点时，你的梦想和愿望就与客观世界合拍了，你就可以无拘无束地说出你的意图，接下来只需等着你的愿望开花结果。你尽可以放心，只要季节到了，你一定会心想事成的。这便是最省劲法则。

（5）意图和愿望

意图和愿望法则是基于大自然中到处都存在着能量和信息这样一个事实。实际上，在量子场这个层面上，宇宙中除了能量和信息，别无其他，量子场与人的潜意识互通、互动，量子场是受人的意图和愿望影响的。

你的身体与宇宙体是密不可分的，因为在量子力学的层面上，不存在严格的界线。你的存在就像大量子场的一次摆动、一次摇曳、一次回旋、一个波浪、一个旋涡或一次局部的骚乱。宇宙这个大量子场就是你身体的外延。你能够自觉地改变自己身体的能量和信息含量，并由此影响你的外延身体能量和信息含量。这种自觉的改变应归功于你的注意力和意图。注意力产生能量，意图导致转化。

凡是你注意关心的东西都会在你的生活中强大起来，凡是你漠不关心的东西都会枯萎、崩溃和消亡。另一方面，意图导致能量和信息转化。

唯一要告诫你的是,你必须为了全人类的利益来使用你的意图。

(6) 超然

为了获得物质世界中的东西,你就得摈弃老惦记着它的心态。这并不是说要让你放弃实现愿望的意图。你不要放弃意图,你也不要放弃愿望,你要放弃的是对结果的惦记。一旦你摈弃了对结果的惦记,采取一种超然的态度,你就会拥有你想得到的东西。你想得到的任何东西都可以通过超然而获得,因为超然的态度是建立在你对真实自我力量的坚信不疑的基础上的。

(7) 人生目的

人生的目的这一法则认为,你有一种独特的天赋及其独特的表现方式,而对于每一种独特的天赋及其独特的表现方式也存在着独特的需求。当这些需求与你才能相匹配时,就会撞击出创造性的火花。表现你的才华来满足需求,就可以创造出无限的财富。

每个人到这个世界上来就是要发现真正的自我,要表现每个人独特的天赋。每一个人都有自身独特的天赋,你也有独特的天赋,这个星球上除了你之外,没有第二个人与你相同。这就意味着,你能够把一件事情做得比整个星球上的其他任何人都出色。

当你把你独特的天赋的能力与为人类服务结合到一起时,你就充分利用自身的潜能去满足自身以及人类同伴们的需求。

3. 不要打破现有的能量平衡

一般人的日常生活,除了吃饭睡觉,都会有一些一般的内容,比如去玩,和人聊天,郁闷而发呆,看无聊的节目,网上闲逛,等等。大多数人的

日常生活，每一天除了做了一些工作外，基本上算是"碌碌无为"。他们以大量消遣来消耗自身的能量，以达到自身能量的平衡。

实际上，人们任何情绪上的变化都伴随着能量的消耗，各种情绪的能量消耗由高到低的顺序如下：本能冲动、发怒、恨、妒忌、悲伤、忧愁、思念，等等。一般人都是通过情绪能量的消耗使自己达到短暂的平衡，这种平衡很快又会被外界的扰动而打乱，又需要消耗能量继续保持其平衡。

一个人当下的人生境界，决定了达到平衡所需要的能量。如果强行地迫使人们去掉那些看似多余的生活内容的话，时间长了，他们就会郁闷、压抑，最后就可能爆发或颓废，往往得不偿失。因此，打破目前自己身心平衡的能量是不可取的。

那么，是否可以永远地省掉那些一般人日常生活多余消耗的能量，让能量集中起来，而又同时保持平衡呢？答案是肯定的，只是较难做到而已。人们只有从自己内部平衡入手，才能做到真正意义上的能量集中。因为，人们可以从内心深处去除过分的欲望。欲望的多寡程度和人生境界的高低程度是等值的。

因此，越高的人生境界，越能做到能量集中。比如，为什么一些大学者、大作家、音乐家能够每天坐在办公室里痴迷地工作，他们不娱乐，过着正常人难以忍受的生活，却觉得很自然。因为他们在这种生活中达到平衡了，既然平衡了，自然也就感到开心了，而且有更多的时间来创造作品和表达自己的思想，只不过那种开心是常人难以理解的。

人的生命和精力是有限的，要更多实现自我价值，就要更加完美地做到平衡下的能量集中，使平衡下的能量级越来越高，以此不断地提高人生的境界。

4.人是自我欲望的囚徒

人有各种各样的欲望，满足的时候少，不满足的时候多。人吃饱了，又想吃好；穿暖了，又想穿靓；吃饱穿暖了，还想娶个媳妇；有了媳妇，又看着别人的媳妇更可心。人想发财，财越多越好；人想做官，官越大越好；人想成名，名越响越好。人想名利双收，情场得意，官运亨通；人想儿女双全，子孙满堂，福禄寿三星高照，永世不衰。得陇望蜀，人心不足蛇吞象，尘世之人，大都如此。人总是在希望什么，始终处在一种"我要……"的状态，直到死亡为止。人的希望与可能性之间往往存在着较大的距离，这点贯穿人的一生。

中国有这样一个民间故事，说是有个人死了，去见阎王。阎王打开账本一看，说："你是个大好人，来生还要做人，享人间最好的福气。"这个人忙问："我来生做什么样的人呢？"阎王反问道："你想做什么样的人呢？"这个人就说："千亩良田丘丘水，十个妻妾个个美，父为宰相子封侯，我在堂前跷起腿。"阎王听完，站起来说："世间如有这等事，你做阎王我做你！"

人一生似乎永远在追求一种不可能达到的境界，就像从事竞技体育的运动员，总是企图向更高的纪录发起冲击，但大多数人却以失败而告终。因此可以说，人生的基本矛盾就是人不断产生的各种欲望与自身满足欲望的能力相对不足之间的不平衡。这是来自"身"与"心"的矛盾，是人生的主要矛盾，其他矛盾都是由这一矛盾扩展而来的。正是这一矛盾演绎出了人间喜怒哀乐、悲欢离合的故事。只有解决好这一矛盾，人们才能做到心理和谐。

由于人的认知能力的有限性和信息资源的不对称性，决定了自身的目

标或需求与自身能力完全匹配是很困难的,可以说那只是一种理想化的状态。一个人的目标或需求与自身的能力不匹配,一般有两种情况。一种是需求低于自身能力。这时候,个人经受的压力和忧虑少,愉悦和快乐的体验也小。个人潜能得不到充分挖掘,综合资源出现闲置,属于"开工不足"的状态。另一种是需求高于自身能力。这是一种"力不从心"的状态。这时候,人们会时时受到焦虑和痛苦的折磨,如不能及时地调整,就会心力交瘁,造成各种精神疾病和生理病变,甚至会因绝望而精神崩溃,引发人间悲剧。

欲望是人生任何一次旅程的起点。人获得的任何东西和失去的任何东西都是从欲望开始的。人一旦没有了欲望,一般就失去了生命的动力,如一潭死水,终将腐臭、干枯;可是欲望一旦得不到控制,又如洪水猛兽,败己伤人。人就是这样一个矛盾的集合体,除了虔诚的宗教信徒、少数有过特殊人生经历的人以及个别修养极高的人,一般人无法没有欲望,尤其难以摆脱肉体的欲望,人由生至死始终逃不过这一对矛盾的考验。

每一个人总是有着千奇百怪的无休无止的欲望,差别只是欲望发展的对象、欲望的强弱有所不同,对欲望的调适能力有所不同而已。有时候,一个人确信某一欲望是他的最后的一个目标,实现之后将别无他求。然而,一旦这个欲望真的得到满足,另一个欲望便不知不觉地钻进了他的内心深处。就这样,一个又一个的欲望引导着人走向生命的终点。有的朋友会说,我已经大彻大悟、无欲无求了!可是,无欲无求,不正是还有所求吗?

人生似乎就是一个悖论:有欲望就会有痛苦,就没有持久永恒的快乐;可一旦人没有了欲望,还能有什么呢?世界上凡事都是有所得,必有所失,反之亦然。这就是所谓"失之东隅,得之桑榆"。

社会现实中,人们要享受自我超越的快乐是困难的,那只能是极少数心灵富足的人的"专利"。我们还是尊重内心深处的种种欲望,修炼调整内心欲望的能力，让它朝着正确的、可能的方向去发展，使之适应自身条件、社会环境、自然环境，才更为现实。我们要从淡定的人生态度、让欲望变为清楚的目的、培育"快乐成本观"、懂得知足与知不足、清楚"不够"与"不能"等五个方面着手去做。

5.要懂得放下欲望

欲望的满足和内心的需要是两个概念。我们不要放纵欲望，也不要压抑欲望。很多人压抑欲望的结果，就是导致自己出现生理变态。因为"欲"不会被压住，它会通过另外一种渠道表现出来。比如说吃饭，一个人被饿了好些天以后，他会出现极端的反应，饿疯了，"饥不择食"，什么都吃，甚至吃得撑死了。为什么呢？就是原来这种欲望被压制，出现了变态反应。

本来"欲"是不动心的，然而当它变成一种特殊的喜好以后就开始动心、动神了。我们说眼睛是心灵的窗户，当一个人看到一样特别喜欢的东西时，他会兴奋，瞳孔会散大，那个状态就叫"出神"。一个人过分地放纵自己的欲望以后，眼睛会开始疲劳，然后也会"出神"。我们说养神，怎么养？就是通过闭目来养。现在的人都在看电视、打游戏、看电脑、上网，盯着屏幕，处于一种半痴迷的状态，这就是在"劳其目"。"嗜欲不能劳其目"，否则带来的结果就是耗费你的心神，让你整个人都无精打采的，提不起精神来。

如果我们能够找到欲望的来源，也能够明白什么才是真正的满足，就不会成为欲望的俘虏。当内心生起欲望的时候，我们首先要做的是，试着去降低欲望的强度。我们都曾有过许多欲望，它们来的时候是如此强烈，我们竭尽全力去满足自己的欲望。可是，当终于得到想要的东西时，我们非但没有感到满足，反而又生起新的欲望。我们总是想得到新的东西，

总觉得还是缺少什么。明白此点,我们的欲望强度就会降低。

其次,我们的心中不要只有欲望,不要像着了魔似的,对其他的都不要置之不理,要学会平衡。对我们而言,世间的一切都是有对立面的,每件事都有成功和失败的可能。我们好像抱着一截漂流的树干,在时间的洪流中顺流而下,可能会流入一条自认为是成功的支流,也可能流入一条自认为是失败的支流。我们虽然可以在某种程度上控制自己的流向,但是不会有百分之百的把握,因为还有太多其他的因素不受我们主观心愿左右。所以,不论追逐的欲望是什么,你一开始就要对自己说:"我想要的东西,可能得到,也可能得不到。如果成功了,很好。如果不成功,我该怎么办?"

我们首先要降低欲望的强度,自己要警觉欲望的生起。其次,事先要有失败的心理准备。其三,如果追求的是有意义的事,即使做好了失败的打算,也不要因为挫败而轻易放弃,要有应变的准备。要知道,付出努力所收到的结果可能不是完美的,我们都有失手的时候。我们抱着树干在时间的洪流中漂荡,希望能够流入大海,但也可能进入一条支流,漂到沙漠中。"假如漂到了沙漠中,我该怎么办?"要有这样的心理准备,并且接受这种可能。

即使欲望达到了,我们也不可能得到绝对的永久的满足感。人们已经试过无数次了,结果都一样。这不是悲观,而是认清人类心理的现实——这个世界上的任何东西都无法满足我们的心理要求。

有一个办法能让我们获得快乐,且让内心保持平衡。这个办法有两个要点。第一,对于你最欣赏、对你最具吸引力的东西,不论是什么,一定要记住,不要把脸正对着它,略略地转偏一些。第二,对于你最讨厌、最不耐烦、从心里憎恶的东西,不论是什么,试着把脸略略地转向它。这个世界的奇妙之处在于,你越想要的东西,越去追它,它跑得越远;可是,当你转身不理它时,它反而会倒过来追随你。

第六章 保持能量与欲望的平衡

所以，我们应该学习平衡自己的心，试着排斥喜欢的，接纳讨厌的，不论是情绪、心情、自我形象、嗜好，还是家人、邻居、敌人、财物，都一样。这并不意味着我们要把心爱的花瓶丢掉。不必这么极端。我们还是可以把花瓶摆出来，欣赏它的美，从中得到乐趣。但是我们不要老把它搁在心头，而且要准备好有一天将它送出去。

人生每跨出一步，就要先把脚从原来占据的那一点提起来，离开那一点才走得开。而在跨出下一步时，连刚刚占据的那一点也要放开。如果放不开脚下的那一点，那就走不开。在人生的道路上，有的人走得潇洒、优雅而开心，因为他们放掉曾经占有、经历过的那些。有的人却走得沉重、沮丧，因为他们放不下原来占的那些。能放下，能牺牲，能舍弃，是成功的一条原则。

莫卧儿帝国的开国之君入侵印度，开创了一个百年兴旺的王朝。他的儿子是王位的继承人，不幸得了致命的重病，众医生都束手无策，国王忧心如焚。一天，有位智者来到宫廷，对国王说，要挽救王子的性命，只有一个办法，把你最珍贵的东西送出去，他就会痊愈。国王思索了一番，觉得自己最珍贵的东西是那颗价值连城的珠宝，就让人把它捐出去。可是王子的病情却没有起色。于是，国王又召集大臣，问道："我照着智者的话做了也没有用，怎么办？"有位大臣说："陛下，是否还有比那颗珠宝更珍贵的东西？"国王觉得有道理，就退朝闭门反省，昼思夜想。"啊！的确还有比那珠宝更珍贵的东西。"于是，他走进王子的寝室，绕床走三圈，用最虔诚、最坚定的心向天起誓："我的生命是最珍贵的。我愿献出自己的性命，换取他的性命！"据说，三天之后，国王突然染病而逝，王子却康复并继承了王位。

认为上面所说是故事也罢,是历史也罢,都不重要,重点是其中蕴藏的道理:要懂得牺牲,懂得放下。

6.知道什么是你真正想要的

你到底要什么?什么是你真正要的?如果你试过寻找快乐的所有途径都不能让你满意,所有能做的你都做过了,那么你就应该想想什么才是你真正想要的?

每一个人包括最成功的人,都曾经历过某种程度的苦难。我们生活的特权在于我们有时间、空间和机会质疑人类生活最基本的假设。我们可以自由地审视我们的生命,然后提出最深入的问题:生命是怎么回事?它是用来作什么的?我们怎么运用自己的时间?我们的生命有意义吗?我们的心灵企求什么?我们有对真理和自由的渴求吗?我们在大部分的生命当中,有机会来充分思考这些最深切而尚无答案的问题。

如果你说"我真正想要的是比较好的生活",或是"我真正想要的是随时都快乐",或者是"我真正想要的是正确的伴侣"。不管是哪个答案立刻出现,接着问"它会带给我什么?"如果你有完美的伴侣,他会带给你什么?如果你有快乐的生活,它又会带给你什么?如果答案是"我就会平和下来,我就可以安心了",那么,你真心想要的可能就是现在这个时刻。

你曾经于外在寻求的平和、安心和完满,不管它是多庄严、多高贵,其实它就在当下你的自身之中。你曾经绝望地、苦苦地、毫不保留地、极力地追寻的,居然一直就在你的身边,就在你的身上!

"你到底要什么?"现在请你花一些时间来回答这个问题。如果没有正确答案,你就把这个问题当做一个游戏,一个可以让你的信念暴露出来的游戏。如果你发现你终究想要的是平和、快乐、爱或领悟，那么你就看看你曾在何处追寻它们。你可以再进一步探索："我在哪里寻找我要的是什么？""我打算做什么去得到我想要的？""我想我最后可以在哪里找到它们？"

人们的欲望竟然多得数不清，然而不论欲望是什么，它们都是为了自我满足，这是互通的。

既然欲望是互通的，那么有没有可能在无数欲望的对象当中发现有某种共同的特质，从而认定那才是我们真正想要的呢？事实上，这个共同的特质存在于所有的对象之中，只是变成了各种形貌，所以我们辨认不出来。比如，你终于买了那件想了很久的漂亮衣服，满意了吗？没有。也许你以为多买几件才会满意。那么，你去问问那些拥有许多名牌时装的人，她们满意了吗？再如，你要结婚，好不容易结了婚却又闹离婚。你真的不知道自己到底要什么，就像这样永无止境地盲目追寻，永远得不到满足。

我们既然离不开欲望，那就干脆找一个终极的欲望，其他的欲望就显得微不足道了。你有这种气魄吗？你可以要大海，为什么只要一片波浪？可以要太阳，为什么只想抓住一束阳光？你要征服的不是外面的世界，而是内在的世界，那就是你自己。一旦征服了内在的世界，你就不会想要外面的世界了。

一个人孤独地过日子快乐不快乐，这跟外面的环境无关，关键在于他的心态！把某个人单独关在牢房里，不让他和外界接触，他不会快乐；一个出家人自己在寺院的禅房里闭关，他是快乐的。心态决定了一切。

平和、快乐、爱与完满，它们已经活在你之中！所以，要寻到乐趣，就去找最大的、完全无欲的乐趣，深观自我，发掘内在的自我，你就找到了最大的乐趣！

第六章　保持能量与欲望的平衡

7. 把合理的欲望变成黄金

每个人只要到了理解金钱作用的年龄,就会祈愿拥有它。然而光祈愿是不会带来财富的。如果能把欲望变成"唯一的信念",然后制订出追求财富的明确的方式与计划,并且以绝不认输的毅力和行动实施那些计划,就会为自己带来财富。

把合理的财富欲望转化为对等的物质利益的方法,包含以下六个明确的步骤。

第一步:在心中定出所渴望的金钱的明确数目。只说"我想要有足够的钱"是不够的。钱的数目一定要明确。

第二步:想清楚你决定付出什么代价以得到你所渴望的金钱。因为天下可没有"免费的午餐"。

第三步:设定你将拥有这笔金钱的明确日期。

第四步:拟订达成欲望目标所需的明确计划,并立即付诸行动,无论你是否已有心理准备。

第五步:拿出纸笔写下一份清楚精确的告示,上面记载你想获得的金钱数量、获得的期限、追求金钱所需付出的代价以及积累这笔钱的明确计划。

第六步:试着让自己看到、感觉到,并相信自己已拥有这笔金钱。

你必须确实遵循以上六个步骤去做,尤其是第六个步骤特别重要。你也许会抱怨,在你并没有实际得到这笔钱之前,你不可能"看见自己有钱",然而正是炽烈的欲望能够为你提供帮助。如果你真的十分强烈地"渴望"有钱,那就促使你将这种欲望演变为魂牵梦系的意念,你便自然而然地使自己"相信"你会得到它。你的目标是要得到这笔钱,你只要不断地强化你想获得这笔钱,这就会使你自己"相信"你一定会得到它。只有那些具有"金钱意识"的人才能积累大量的财富。具有"金钱意识",

意味着头脑中完全被对金钱的欲望所占据。具有金钱意识的人往往是能看到自己已拥有了金钱，想象自己是百万富翁。

那些不认为以上六步骤正确而完整的人，如果知道步骤中所传达的讯息出自于励志大师卡耐基，就会坚信不疑。因为卡耐基开始时只是钢铁公司的一名普通工人，尽管出身低微，他仍努力设法运用这些原则，为自己赚进了超过亿万美元的财富。

最伟大的成就在最开始的时候只是一个梦想，就像橡树沉睡于橡实之中，鸟儿蛰居于蛋中。在灵魂最高的想象中，一个不眠的天使在活动，那就是梦想，是现实的种子，唤醒自己奋起并展现自己。这个世界给你带来期盼已久的机会，只是有的机会还未被你发掘出来。这个世界愿意回报那些给了这个世界新梦想的梦想家！

第七章 平衡人生的友情与孤独

孤独是个体的狂欢，狂欢是群体的孤独。友情适应孤独，孤独同样适应友情。问题的关键在于，一个人怎样才能平衡生命中的友情与孤独。在这里，读者朋友既能感受到人间友情带来的精彩，也能享受到孤独带给人们的美丽。

1.怎样克服人生的孤独感

孤独是生命给我们的一种感受，不带有任何意义。人的能量是这样的，当你把变坏的感觉和情绪内化，让自己一个人承担时，你迟早会崩溃。理论上，一个人是必然孤独的，因为没有人能代替你活下去；可感情上，你无法找到一个依靠点、无依无靠的话，那就容易崩溃了。当能量掏尽了，世上最强的人也会倒下。我们累了，能量跌到谷底，情感受创，就会助长负面想象，世上的一切顿时变得灰暗，失去意义。其实，感觉只是脑神经倾向负面反应的惯性循环回路，并不是生命的真实反映，别认同它。

一个人在能量下滑时，不要死命地撑。人虽然是孤独的，但不必执著地孤独。每个人都应当找个感情的依靠点，譬如爱人，譬如宠物，譬如花草树木，放在心里，爱着，微笑，说声感谢，不要计较这些依靠点是否真实存在。人要依靠更强的感情支柱活下去！

不要介意依靠谁，无须顾及什么面子，因为人本来就是群体的，没有执著孤单的理由和需要。抓住一个让自己定心的依靠点，超越自己，提升自己,才能体会生命的意义!

修心之路人人不同,成人成佛还是成为奴隶,均是你选择的结果。因此,建立自信是你战胜孤独的最有效途径。建立自信最快、最有效的方法,就是去做自己不自信的事,直到获得成功。具体方法如下。

(1) 突出自己,挑前面的位子坐

在各种形式的会议中,在各种类型的课堂上,后面的座位总是先被人坐满,大部分占据后排座位的人,都希望自己不会"太显眼"。他们怕受人注目的原因就是缺乏自信心。

坐在前面的位子能建立自信心。因为敢为人先,敢上人前,敢于将自己置于众目睽睽之下,就必须有足够的勇气和胆量。久而久之,这种行为就成了习惯,人在潜移默化中变得自信。另外,一个人坐在显眼的位置,就会放大自己在别人眼中的比例,增加出现的频率,起到强化自己的作用。把这当做一个规则试试看,从现在开始你就尽量往前坐。

(2) 睁大眼睛,正视别人

眼睛是心灵的窗口,一个人的眼神可以折射出性格,透露出情感,传递出内心的信息。不敢正视别人,那意味着自卑、胆怯、恐惧;躲避别人的眼神,则折射出阴暗、不坦荡的心态。正视别人等于告诉对方:"我是诚实的,光明正大的,我非常尊重你,喜欢你。"正视别人是积极心态的反映,是自信的象征,更是个人魅力的展示。

(3) 昂首挺胸,快步行走

许多心理学家认为,人们行走的姿势、步伐与其心理状态有一定关系。懒散的姿势、缓慢的步伐是情绪低落的表现,是对自己、对工作以及对别人不愉快感受的反映。倘若仔细地观察就会发现,身体的动作是心灵

活动的结果。那些遭受打击、被排斥的人,走路都是拖拖拉拉,缺乏自信。反过来,通过改变行走的姿势与速度,有助于心境的调整。你若想要表现出超凡的自信心,那你走起路来应比一般人快。将走路速度加快,就仿佛告诉整个世界:"我要去一个重要的地方做很重要的事情。"步伐轻快敏捷,身姿昂首挺胸,会给人带来明朗的心境,会使自卑逃遁,自信滋生。

(4)练习当众发言

在大庭广众面前讲话,需要很大的勇气和胆量,这是培养和锻炼自信心的重要途径。在我们周围有很多思路敏锐、天资颇高的人,他们无法发挥他们的长处参与讨论。并不是他们不想参与,而是他们缺乏自信心。

在公众场合,沉默寡言的人都认为:"我的意见可能没有价值,如果说出来,别人可能会觉得很愚蠢,所以我最好什么也别说。而且,其他人可能都比我懂得多,我并不想让他们知道我是这么无知。"这些人常常会对自己许下诺言:"等下一次再发言。"可是他们很清楚自己是无法实现这个诺言的。每次沉默寡言都让他们又一次缺乏自信心,他们会越来越丧失自信。

从积极的角度来看,如果尽量当众发言,就会增加自信心。不论是参加什么性质的会议,每次都要主动发言。有许多原本木讷或者口吃的人,都是通过练习当众讲话而变得自信起来的,如萧伯纳、田中角荣等。因此,当众发言是自信心的"维生素"。

(5)学会微笑

大部分人都知道笑能给人自信,笑是医治自信心不足的良药。然而有许多人不相信这一套,他们在恐惧时从不试着笑一下。

微笑不但能治愈自己的不良情绪,还能化解别人的敌对情绪。如果你真诚地向别人展颜微笑，对方就会对你产生好感，这种好感可以使你充满自信。正如一首诗所说："微笑是疲倦者的休息，沮丧者的白天，悲伤者的阳光，大自然的最佳营养。"

2.最温馨的是人间的友情

过一个人的生活也许太过于自我了，也许又太过于失去自我了。我们应该换一种生活模式，简简单单、快快乐乐地生活，欣赏自己，欣赏他人。假如你在生活中失去了重心，感到迷茫、困惑、失落、伤感，那么，努力寻找新的朋友，可以让你换一种心情去生活。

朋友，这是个多么温馨的字眼；朋友，这是个多么亲切的称呼。"朋"，双"月"，一轮明月会让人感到伤感，两轮明月还会孤单吗？人的一生不可或缺的是朋友。

有了朋友，快乐才会有人分享；有了朋友，忧愁才会有人分担；有了朋友，生活才会变得多彩；有了朋友，人生的旅途才不会孤单。《牵手》的歌词唱道："悲伤着你的悲伤，幸福着你的幸福；快乐着你的快乐，追逐着你的追逐。"谁会悲伤着你的悲伤？谁会幸福着你的幸？除了家人外，当然就是朋友了。

人生的旅途遥远，岔路颇多，在不同的路段我们会遇到不同的朋友，他们会跟我们同路，有的可以结伴同行走完一生，有的则在某一个岔路口挥手再见，各奔前程。当我们踏上新的征程的时候，新的朋友又会出现。在多少个春秋交替中，记忆的长河里却不曾对朋友这一串名单有过删减。这些熟悉的名字、熟悉的脸庞总是藏在心底的某个角落里，在某一个特定的时刻就会跳出脑海，是那么不经意地就让我们想起了曾经的点点滴滴。

或许你偶然会接到某个电话，号码是陌生的，当听到久违的声音从线

的那一端传来时，你竟会张口结舌，久久不能言。颤抖的声带传出来的只能是多年的想念转化而来的一句"你还好吗"。时过境迁，为了生活，为了工作，渐渐地朋友间的距离越来越大，联系也不知道在哪一天就中断了。可是岁月的流逝并不曾把故人的印象蒙上灰尘，昔日的照片并没有褪色，过去的一切依然在脑海中清晰地保存着。那些陪伴过自己一起哭、一起笑的男女朋友，时不时地在回忆的画板上出现。

当某个人在把我们介绍给他人认识的时候，那一句"这是我的朋友"常常让我们莫名地感动。能让人承认自己是他的朋友，这是多么荣幸的一件事。我们真的应该感激把我们当朋友的每一个人，他们就像海上的轻风，扬起了我们自信的风帆。

孔子说："德不孤，必有邻。"翻译过来就是说：有德行的人不孤独，必定有与其相同的人来亲近他。真正的朋友不是陪你一起享乐，而是激发你在痛苦中成长！我们应该积极地去结交可以真正沟通的知心朋友。

在工作中、生活中，我们免不了结识形形色色的人，有些人看似难以接近，其实是值得深交的好友，有些人初识时热情慷慨，然而他们隐藏的心思却总也看不透。面对后面这种人，我们只能练就火眼金睛了。你只要坚持自己的理想，肯扎扎实实地努力，必定会遇到同道中人的。比如，通过跑图书馆、书店，在看书的过程中结识你想要结识的人，在聚会中结识新朋友，在网上结识新朋友，等等。

既然成了朋友，就要好好地相处，不要因为一点儿小事就互相计较，互相猜疑，要互相信任，不要互相欺骗！做错了就要敢于承认，不然到时候失去一位真心的朋友就后悔莫及了！真正的朋友应该在对方悲伤的时候互相安慰，快乐要一起分享，遇到困难要一起想办法面对，疲惫的时候互相支持。这样的朋友才是真正的朋友，这样的朋友才值得我们用一辈子的时间结交；这样的友谊才是真正的友谊，这样的友谊才会天长地久！

3. 在朋友聚会中感受精彩

面对快节奏的现代社会，面对工作与生活的压力，人们都渴望一种情绪发泄，找到一种新的心理平衡。感受朋友聚会中的精彩，恰恰是很好的心灵洗涤剂。

孤单是一个人的狂欢，狂欢是一群人的孤单。一个人回味，不如大家一起回味来得深刻。朋友相聚，你一言，我一语，重现当时的状态，很多时候一个很小的细节就能够引得大家开怀大笑。朋友相聚使我们找到了昔日失落的那份情感和欢乐。当感情得到宣泄，心灵倍感觉醒时，一股巨大的活力就会涌现出来。

刚毕业时候的朋友相聚，大家就是聊谁在什么地方上班，谁挣多少钱，同时还要发泄对际遇的强烈不满，怀念上学时的纯真年代。又过几年，朋友聚会聊的都是谁的女朋友长得怎么样，谁的男朋友是做什么的，偶尔听说谁谁谁结婚了，那简直就是听到了奇闻，成为一时的佳话，甚至成为大家取乐的话题。又过了几年，朋友聚会的话题基本上都是结婚的事情，知道谁没有结婚就会群起攻之，恨不得马上拉他下水。如果发现谁还没有女朋友，那就会对他从生理和心理上做个全面的分析，以至于挖苦、讽刺、嘲笑。过后，大家都记着有这么一件事情，到处找孤男寡女，胡乱地点鸳鸯谱。有时候是真的替朋友着急，有时候就是为了瞧瞧热闹……

后来，朋友见面开始还闲聊，有时会聊到孩子。聊到怀孕时，老婆们偷偷地聚在一起交流着经验，怀孕的向没怀孕的普及知识，并无私地传授自己亲身的感受，有孩子的则向怀了孕的讲述婴幼儿的护理知识。老公们则喝着酒，大谈着自己的苦闷，都觉得自己挣的钱太少，总是不够花，总是觉得自己眼光独到，发现无数个发财的机会，现在就是因为没钱而什么都干不了，还要省吃俭用地为孩子攒奶粉钱。他们即使把自己说得

第七章 平衡人生的友情与孤独

多可怜,多么的怀才不遇,依然掩饰不住自己将要当爸爸的喜悦。朋友们聚在一起聊天,经常会谈到时下的社会竞争激烈,生存压力大,工作忙、生活累等话题,大家都是感受颇深。

相逢是首歌,朋友欢聚一堂,共同在心中奏响了一曲友情的赞歌。酒香飘逸,散发的是爱的芳香,而我们喝下的又何止是酒,那不就是一杯杯浓浓的情吗?真诚的话语,欢乐的笑声,这热闹的场面,这感人的一幕,是祝福是喜悦……"相见时难别亦难","请把我的歌声带回你的家,请把你的微笑留下"……

不管朋友相聚时大家聊的是什么,欢聚中可以衍生出很多东西,可以让人感受精彩,找到新的平衡。

生活在当今时代,当今社会,谁人不累?这是无法回避的现实。既然这个时代选择了我们,我们也选择生活在这个时代,我们就无法逃避,只有正视,纵然疲惫,纵然艰难,我们也必须面对。

人生是变化多端的,生活也不可能总是一帆风顺。面对困难和挫折,每个人的心态是千差万别的。消极颓废者有之,怨天尤人者有之,悲观厌世者有之,积极向上、拼搏进取、乐观旷达者更有之……当在现实生活中遭遇坎坷和逆境时,当在现实生活中经历痛苦与不幸时,你能以一种平常的心态、昂扬洒脱的精神去坦然面对,你就是一个知命达观之人!

人生之所以有太多的痛苦,是因为人有太多的欲望,生活之所以有太多的烦恼,是因为人有太多的不舍。人要学会适当地放弃。其实,放弃也是一种美,是一种境界。能做到不患得患失,做到物我两忘,才是人生的真谛。人的成功是有限度的,而人的欲望却是永无止境的。当你在成功的路上艰难跋涉时,必定要经历无数的痛苦与失败。你只有保持一颗平常心,不要过分地计较人生的得失,才能从容地应对生活中的各种艰难困苦。"无欲则刚"说的正是这个道理。有所失必有所得,总体来说,人生的得失基本是持平的。人生是短暂的,绝对没有永恒的拥有,只有曾经付出过、得到过、经历过。只要你按自己的目标去努力了，去追求了，去奋斗了，那么你的今生就是无悔的。在朋友们的支持下感受生活的精彩纷呈，拥有"平常心"，就不会在波澜壮阔的人生舞台上感到束手无策，感叹世事无常了。

人生不如意者十之八九，面对复杂多变的人生，面对纷繁变幻的世界，我们拥有亲情、友情和爱情，就能够以不变应万变，保持一颗平常心"不以物喜，不以己悲"，望天空云卷云舒，看庭前花开花落，一切顺其自然，做一个快乐的人。

4.赞美别人，让你不再孤单

当别人有值得褒奖之处，你应该毫不吝啬地给予诚挚的赞许。这不但会使你的人际关系变得和谐而温馨，更重要的是，在赞美别人的同时，你的人生不再孤单。因为你付出了赞美，别人也会以他的方式真诚地回报，于是，这个世界就增添了一种良性循环。

美国第16任总统亚伯拉罕·林肯说过："每个人都喜欢赞美。"赞美之所以有其特殊作用，一是在于其"美"字，表明被赞美者有卓然不凡的地方；二是在于其"赞"字，表明赞美者友好、热情的待人态度。人类行为学家约翰·杜威也说："人类本质里最深远的驱策力就是希望具有重要性，希望被赞美。"

历史上，戴维和法拉第的合作是一个典范。虽然有一段时间，法拉第的突出成就引起戴维的忌妒，但他俩的友谊仍被世人所称道。这份友情的取得少不了法拉第对戴维的真诚赞美。法拉第未和戴维相识前，就给戴维写信："戴维先生，您的讲演真好，我简直听得入迷了，我热爱化学，我想拜您为师……"

收到信后,戴维便约见了法拉第。后来,法拉第成了近代电磁学的奠基人,誉满欧洲。他总也忘不了戴维,他说:"是他把我领进科学殿堂大门的!"可以说,赞美是友谊的源泉,是一种理想的黏合剂,它不但能够把老相识、老朋友团结得更加紧密,而且还可以把互不相识的人连在一起。

有位企业家说过:"人都是活在掌声中的。当部属被上司肯定,他才会更加卖力地工作。"

法国皇帝拿破仑就非常懂得赞美的力量,他具有高超的领导艺术。他主张对士兵"不用皮鞭而用荣誉来进行管理"。他认为:一个在伙伴面前受到体罚的人,是不可能愿意为你效命疆场的。为了激发和培养士兵的荣誉感,拿破仑对每一位立过功的士兵都加官晋爵,而且还会在全军进行广泛的通报表扬。通过这些赞美和变相的赞美,激励士兵勇敢地战斗。

赞美他人是一件不容易的事,也是一件很容易的事。挖掘他人身上的闪光点,就如同样是一棵树,有人看到的是郁郁葱葱的绿叶,而有的人看到的却是树上长满了虫子,地下落满了黄叶。要学会赞美,就要从不同的角度去欣赏,去发掘。有的人懂得赏识、懂得赞美,而有的人只有挑剔和指责。世界上最美的声音就是赞美。世界上最好的礼物就是赞美。成功的赞美在给他人带来愉悦的同时,也使得他人感到鼓舞。

赞美他人是自信的表现,是我们获得肯定力量的源泉。赞美他人使人际关系更加和谐,周围环境更加轻松,让人积极向上。赞美他人要发自内心,要由衷地说出来。

爱听赞美的话是人的天性,人人都喜欢正面的刺激,不喜欢负面的刺激。如果人人都乐意赞美他人,善于夸奖他人,那么人际交往间的愉快氛围也将会大大地增加。为了让人际关系更加和谐,请不要吝啬你的赞美!

5.帮助别人，生命才有意义

在人生的旅程中，每个人的生活都离不开别人的帮助。因为自然界的任何事物都是一个普遍联系的整体，没有一个人能够脱离周围的人而孤立地存在。在接受别人帮助的同时，我们也要学会帮助别人。

一个盲人打着灯笼夜行。路上一个路人问盲人："你自己看不见，为什么还打着灯笼呢？"

盲人缓缓地说道："这个问题不止一个人问我了。其实道理很简单，我提灯笼并不是为自己照路，而是让别人容易看到我，不会误撞到我，这样就可保护自己的安全。这么多年来，由于我的灯笼为别人带来光亮，为别人照路，人们也常常热情地搀扶我，引领我走过一个又一个沟坎，使我免受许多危险。你看，我这不是既帮助了别人，也帮助了自己吗？所以，每到晚上出门，我总提着一盏灯笼。"

盲人提灯笼是多此一举吗？对那个盲人来说，灯笼并非多此一举，因为对别人来说很有用，正是盲人的灯笼带来了光亮，才使别人在黑暗中不至于摔倒，因此，盲人自己也得到了帮助。

春风化雨，润物无声。其实，帮助别人，就是帮助自己。在你帮助别人的时候，就已经把快乐留给自己。如果要真正快乐，让自己受人尊敬，就应该帮助别人，与别人融洽地相处。中国是一个文明古国，互帮互助是传统美德。正如一首歌中唱道的："最美的是一颗愿意帮助别人的心，最快乐的是一件帮助别人的事……"今天你帮人，明天人帮你，帮助别人就是让自己快乐

在你帮助别人的时候，你的生命变得更加坚强。帮助别人会让我们充满积极的能量。当我们为别人做好事时，我们能提升自己的领悟层次，对生命、对他人、对自己，会有全新的态度与观念，会觉得自己的生命更坚强、更圆满。即使我们身边有不好的事物，也不能困惑或动摇我们，只能让我们更加坚强。

在你帮助别人的时候，其实你也是在保护自己。为什么这样说呢？因为社会存在着严重的不公平。尽管社会不公平不是报复社会的理由，可只要社会不公严重存在，就会有人报复社会，也就是说，人人都可能成为报复社会的受害者。如果我们不能善待弱者，关爱弱者，那么，我们很有可能成为"下一个"！这绝不是危言耸听。在我们的周围，因社会不安和生存竞争而导致的心理失衡的，大有人在。如果我们不去关爱他们，不及时地给心理怨愤者一个宣泄的出口，让怨恨得到宣泄，那么，那些备受心理煎熬的人们会在他们的周围寻找对象，用各种极端的方式来报复社会，我们自己也就很可能真的成为"下一个"！事实上，许多暴力事件之所以发生的深层次原因大多在这里。因此，帮助别人，无论是对于别人还是自己，都显得更有意义。

6.在宁静中享受孤独的美丽

独处也是一种能力，并非任何人在任何时候都可以具备的。具备这种能力并不意味着不再感到寂寞，而在于安于寂寞，并使之具有活力。宁静中的孤独是一剂良药，可以用之静心和升华灵魂。

当我们因工作不顺、身体病痛，或者其他的因素而情绪低落时，很容易灰心、苦闷、多愁善感，甚至感觉孤苦伶仃。有时，我们遇到顺境，情绪高涨，似乎又忘乎所以而踌躇满志。每每如此，我们不妨给自己或冷或热的头脑浇上一盆清凉的水，让自己置身于一个寂寞的环境中，或是在雨中去十分冷清的断桥残雪旁，或是去静寂无声的图书馆，在那里可以进入大智若愚、大勇若痴的境界。

人们往往把人际交往看做一种能力，却忽略了独处也是一种能力。其实在一定意义上讲，独处是比交往更为重要的一种能力。反过来说，不善于交际固然是一种遗憾，不耐孤独也未尝不是一种很严重的缺陷。

人在寂寞中有三种状态。一是惶惶不安，茫无头绪，百事无心，一心想要逃出寂寞。二是渐渐地习惯于寂寞，安下心来，建立起生活的条理，用读书、写作或别的事务来驱逐寂寞。三是把把寂寞本身变成一片诗意的土壤，一种创造的契机，进到关于存在、生命、自我的深邃思考和体验。

独处是人生中美好时刻和美好体验，寂寞中又另有一种充实。独处是灵魂生长的必要空间。在独处时，我们从别人和事务中抽身出来，独自面对自己，开始与自己的心灵以及与宇宙进行对话。一切严格意义上的灵魂生活都是在独处时展开的。和别人一起谈古说今，引经据典，那是闲聊和讨论，唯有自己沉浸于古往今来大师们的杰作之中，才会有真正的心灵感悟。和别人一起游山玩水，那只是旅游，唯有自己独自面对苍茫的群山和大海，才会真正感受到与大自然的沟通。

从心理学的观点看，人之需要独处，是为了进行内在的整合，就是把新的经验放到内在记忆中的某个恰当的位置上。唯有经过这一整合的过程，外来的印象才能被自我所消化，自我也才能成为一个独立成长的系统。有无独处的能力，关系到一个人能否真正形成一个相对自足的内心世界，而这又会进而影响到他与外部世界的关系。

怎么判断一个人究竟有没有他的"自我"呢？有一个可靠的检验方法，就是看他能不能独处。当独自一个人待着时，你是感到百无聊赖、难以忍受呢，还是感到一种宁静、充实和满足？

是否爱好独处与一个人的性格完全无关，爱好独处的人同样可能是一个性格活泼、喜欢交朋友的人，只是无论他怎么乐于与别人交往，独处

第七章 平衡人生的友情与孤独

始终是他生活中的必需。在他看来,一种缺乏交往的生活当然是一种缺陷,一种缺乏独处的生活则简直是一种灾难了。

世上没有一个人能够忍受绝对的孤独。然而,绝对不能忍受孤独的人却是一个灵魂空虚的人。世上有这样的一些人,他们最怕的就是独处,让他们独自待一会儿,对于他们简直是一种酷刑。只要闲了下来,他们就必须找个地方去消遣。他们的日子表面上过得十分热闹,实际上他们的内心极其空虚。他们所做的一切都是为了想方设法避免面对自己。其实,这是他们感觉到了自己的贫乏。

网上有这样一篇关于享受孤独的散文,作者富有诗意的阐释同样让人感触至深。

孤独,是我们生活中自我酝酿的美酒,独自品尝这一缕幽香,可以在沉醉中寻找真实的自我,在纷繁的尘世中享受孤独的美丽。孤独不是无聊。懂得孤独的人,会在忧郁的意境中享受孤独;不懂得孤独,则会在一个人的夜晚害怕孤独。显而易见,喜欢文字的人,不经意间就已穿上孤独的外衣,如冬季里美丽的冰凌花,静静的,听不到外界一丝的嘈杂,只有在幽怨的心底荡漾出一缕缕轻音,淡淡的美,轻轻的愁,温温袅袅,悠悠柔柔。这美,使心愉悦欢畅;这愁,让情纯美柔媚,让思念更绵长、更幽远、更隽永。

在静谧的夜晚,尘埃落定,我们在安静中品味自己的孤独。心境和夜色融为一体,没有一点点脂粉装饰,清澈如水。关闭所有的帖子,放松自己的心境,轻轻掀起几丝陈旧的柔情,将自己的思绪沉浸,沉浸得宛如飘忽在空中……夜幕中,传递着我们的静美;轻风里,蕴涵着我们的柔情。在黎明来临之前,悄悄地把遥远的梦点燃,悄然绽放在无人的空间,微闭双眼,享受一份纯净、一份恬淡，仿若一切都释然在孤独的寂静中！

　　喜欢孤独的人，多愁善感，伤着自己的伤，痛着自己的痛，把自己沉浸在灰色世界里，在记忆中慢慢地爬行，在岁月里慢慢地折腾。生活中的不满，世间的无奈，为一些无关紧要的世事烦忧，逐渐将自己困扰在幽怨的空间，走不出，更不愿走出，在孤独中悲观、愤怒、感动！同时，在孤独的文字中，往往会挖掘出从骨子里带有的淡淡忧伤，将自己忧郁的心揭开伤疤，让自己再次受伤，这样的孤独好残忍，不仅不能带来静的美丽，反而让自己的心绪更寂寞、更寥落、更惆怅。晨雾弥漫，寒意朦胧，孤独如清冷的季节，虽有些冰冷的悲哀，却也有种莫名的喜欢，如花落时在心底残留的暗暗幽香，慢慢地品尝凄楚中的美丽与芬芳！

　　喜欢孤独的人，更喜欢在孤独意境中找寻属于自己的快乐。一杯浓浓的咖啡，一段幽怨的乐曲，伴你走进书的情节，或在笔下流淌出一串串动听的音符，敲打出一个个快乐的精灵，带着温柔气息，让你的心淡然、陶醉！此时，在孤独的夜晚，将所有的不悦与伤痛沉淀在湖底，掩埋在坟墓，没有惊涛骇浪，不会荡起涟漪，没有孤魂野鬼，不会神灵附体，只留一份淡淡的忧伤，修复自己日渐粗粝的灵魂，使自己的温婉依旧，修炼一份从容、一份健康心态。

　　让我们在自己的天地里轻吟，在自己的空间里飞扬！

第七章　平衡人生的友情与孤独

第八章　建立工作与生活的平衡

工作、生活，人生中最重要的两个内容，涵盖了整个人生历程。如果你在生活和工作之间失去重心，不知所措，那么，本章内容将会告诉你如何建立这两者的平衡点，如何有效地工作，开心地生活。

1.找到工作和生活的平衡点

许多人都抱着这样的态度：工作和生活是两回事，尽可能把工作和生活分开。可是，我们常常会把这种关系混淆。譬如你原来的好朋友变成了你的同事，这种双重关系会影响你在人生道路上的方方面面，到底是看重朋友，还是看重自己的职场前途，就成为摆在你面前的一道需要平衡的难题。

西方有一句俗话说："工作可以使一个人高贵，也可能把一个人变成禽兽。"我们生活在一个压力极大的社会环境中，我们拼命地工作，当然主要的是为了生活。实际上，不管我们有意或无意、主动或被动，工作几乎成了我们生活的唯一内容和支柱。一旦失去工作，我们不仅会在物质上垮掉，同时也会在精神上垮掉。

在工作中，由于各种原因，我们时时会感受难以解脱的束缚，经受无法避免的挫折，从而体验到深刻的无力感与无奈。大多人总是既想在工作上作出一番令人刮目相看的成就，又想过着自在惬意的生活，可是结果总是两头不讨好，往往是得到了这个，就得失去了那个。很多人的现状都是这样的。为什么会如此呢？原因很可能是把工作与生活混为一谈。

第八章 建立工作与生活的平衡

工作是工作，生活是生活，两者应该尽可能地区分开来。倘若混淆界限，让工作占去了生活的时间，其弊大于利。

工作永远也忙不完，完成了 A 任务，还有 B 任务、C 任务……何时是个了结？况且，有些工作不可脱离其他岗位的配合而孤军奋战，甲废寝忘食，势必连带着乙、丙、丁等人陪绑。如此联动的结果，将使他人被迫地牺牲休息的权利。偶尔这样倒还可以接受，如果长期如此，往往会怨声载道，因为没有多少人愿意与工作狂为伍。作为普通员工，除非上司命令加班，否则下班之后即应转换角色，尽情地享受生活乐趣。作为企业管理者，除非任务十万火急，否则，不但不要强求下属加班或带任务回家，自己也不要搞疲劳战术。工作实绩与工作时间未必成正比，延长工作时间其实是事倍功半的笨办法。摸索工作规律，寻求高质量完成任务的有效途径，才是明智之举。文武之道，一张一弛，会休息才会工作，会工作才有效率。

是工作重要还是家庭重要？这似乎是一个"鸡与鸡蛋"的问题。没有工作，何以支持整个家庭？家庭不支持，工作便会有顾虑。家庭不是一人世界，在非工作时间埋头工作，把家人晾在一边，那又怎能尽到为夫、为妻、为父、为母、为子、为女的义务？紧张地工作、学习五天之后，正该是合家团聚、休闲、共享天伦之乐的好时光，却有一位甚至两位家庭成员因工作缺席，岂不令人扫兴？

史蒂夫是一个对工作很勤奋的主管，差不多每天都是马拉松式地工作着。他不单个人如此，甚至要求下属和他一起共同进退。有一个叫吉姆的下属，他也是抱着"工作就是生活的全部"的态度。直至有一日，他的儿子跌伤了脚，虽然皮外伤不碍事，但是儿子对他的态度仿佛陌生人，拒绝接受他的安慰，这些他感到十分伤感。

这件事让吉姆受到了很大的打击。吉姆发现,自己原来一直错过了生活中最重要的东西,就是与家人的亲密关系。为了补救这种关系,他和上司史蒂夫商议,寻求解决方案,其大前提是"以工作业绩来评价自己的能力,而不是以自己逗留在办公室的时间作为评判的标准"。

工作与生活是两回事,应该用两种不同的态度来看待。在工作上,不管你是医生、律师、会计、出纳、司机,你演的只是职务的角色;而回到真实生活里,你要演的才是自己。

这个世界上有那么多有趣、好玩的事,值得人们去发现、去探索、去研究,而工作只是其中的一部分而已。我们千万不能因为工作而失去生活,失去自己。要平衡生活与工作的关系。

西方有位智者说过:"平衡是稳稳地站在冲浪板上,任凭风大浪高,任凭海水打在你的脸上。"

平衡是驾驶着皮艇,在浅滩急流中自如地穿行;平衡是准确到位地完成复杂的动作,既像奥运会滑冰运动员那样优雅敏捷,又像太极拳大师那样稳如泰山。那么,在人生的路途上,如何建立工作和生活的平衡呢?

首先,我们要认识到平衡不是相互制约,不是机械地把时间平均地分配在生活的各个方面。一个时期的平衡不等于另一个时期中的平衡,一个人、一个家庭中的平衡并不等于另一个人、另一个家庭中的平衡。我们追求的是一种不断变化的、高度个性化的动态平衡。

其次,建立工作和生活的平衡,要建立两个行为习惯。一是关注生活中重要的事情;二是不断地优化行为,保持行为与方向的一致。

在日常生活中,人们常常关注"紧急"的事情,于是常常保持忙碌的生活状态,时间被各种各样"紧急"的事情填满,却忽略了许多其他的事情。因此,每天你都要安静下来想一想,对你而言什么是真正重要的,要把重要的事情放在你关注的首位。

也许你会列出工作重要、陪伴家人重要、锻炼重要、学习重要、理财重要……那么接下来要做的，就是不断地优化你的行为，就是你要在每天各种各样、纷繁复杂的事务前选择做什么、不做什么，保持你的行为与方向一致，然后找到实现它的办法。如果迷失了方向，那么不论你付出多么大的努力，有多么高的工作效率，都不能达到目标。

当然，1000个人的心目中有1000个"哈姆雷特"，面对工作和生活，每个人对"重要"的定义不同、选择不同，具体的解决方法也不同。比如，在事业的起步期，你完全可以全身心投入到工作中，在事业走上轨道后，再把更多的时间放在家庭方面。这样从短期来看是不平衡的，但从长期来看却是另一种平衡。

平衡的关键是什么？关键是在于建立正确的平衡理念，关注重要的事情，再以此调整行为，建立个性化的动态平衡。从现在开始关注生活的平衡，找到你的平衡智慧吧！

2.不要让工作侵占你的生活

我们是为了生活而工作，不是为了工作而生活，生活是最要紧的，工作只是生活中的一部分。然而事实上，"工作侵占生活"正在成为我们的生活之殇。这是转型期社会的集体症状，不分性别，不分阶层，工作第一、生活第二，作为职场潜规则被规定下来。人们几乎都在经历着这一切：吃不下，睡不着，担心公司无预警裁员，自己准备不及就丢了工作……不论你痛苦的原因为何，你都应该试着找到一个平衡点，不要再让工作侵占你的生活！

心理学认为，人最深层、最重要的情感诉求就是亲密关系，没有它，即使工作取得再高的成就，也无法让自己真正踏实、安定下来。遗憾的是，

绝大多数人虽然想建立亲密关系，但认为太麻烦了，他们甚至认为这比在职场上的竞技还难。为了逃避无法面对的孤独，为了自我价值感的满足，人们像上瘾一样，把更多的精力投在职场上。

英国《泰晤士报》在报道投资者对速冻食品行业充满兴趣时说："中国夫妇两人都得上班，他们没有时间做饭。当晚上他们筋疲力尽回家时，在倒在床上睡觉前最高效的做饭方式就是煮速冻饺子。"这则幽默表达的正是我们许多人的现实。在高速的经济发展中，每个人都认同一件事：不拼命工作，就是拼命找工作。正是如此，工作不仅侵犯着我们的生活，更侵犯着我们的生命。这样说并非危言耸听。

越来越多的人戏谑地称自己为"都市苦命人"。这苦命包括：贷款买了房子却没时间享受，办了健身卡却没时间锻炼，身体不适却没时间上医院，有漂亮的整体厨房却大部分时间在餐馆里胡吃海塞些油腻腻的饭菜。工作像大雾一样弥漫在我们的生活中，几乎变成了我们生活的全部。具体可见的是时间的缺失，隐形的却是另外一些东西。

比这一现象更残酷的是一桩桩被称做"过劳死"的命案，以及一个个没有被称做"过劳死"却被病魔夺走生命的年轻人。工作的高压迫使身体不得不用停下来、不配合的方式警告我们。为什么我们依然认为"闲"和"空"的状态是那么的不能接受、没有价值感？是谁把这样的观念凌驾于生命之上？而我们却慢慢地认同了这一切！奥修说，生命最完满的存在，是做我们自己。可惜的是，由于对职业所代表的社会价值的高度认同，我们甚至不知道自己所行所言有多少是出于我们自己的本性！

身在其位，当职业角色有如是要求的时候，我们必须尽快地学会接受。但是如果不画一道界线，工作的要求就会侵占我们的内心，严重地影响我们的生活。我们每个人都需要找到一个有力的支点，让工作和生活获得平衡。

（1）自我肯定，创造自信

谦逊是人之美德。不谦逊的人不会受到人们的拥戴，是办不成事的。可是不相信自己，不肯定自己的智慧和作用，时时感到自卑，在微小之处都体现出一种自我否定，这会极大地影响自己生活和事业的成功。

当然，在肯定自我的时候，也不要忘了对自己过失的否定，要始终保持实事求是的态度。始终要以现在时态而不是将来时态进行肯定，始终要以最积极的方式进行肯定，这种肯定应该传达出强烈的情感，尽可能地努力创造出一种自信。

如果说，自我肯定、创造自信是保证事业成功的前提的话，那么，发掘潜力、争取获胜是走向成功重要的第一步。为此，我们要坚持下面这些自我肯定的信条。

我控制自己的思想、情绪和行动，并且以其帮助我改善身体素质、人际关系、工作和生活。

我是一个善良、有用、令人尊敬的人，我完全有能力达到自己确立的目标。

我相信自己承担风险的能力和判断力，接受对自己极限的挑战，我愿意接受挑战的结果，以及因此而获得的回报。

我将为实现自己的价值而生活。

我将从难题和挫折中学习，并且从中抓住进步和成长的机会。

我的精神、思想和身体是一个强有力的团队，它能够使我不断地超越自我。

我是自己最好的朋友和教练，总是鼓励、支持和尊敬自己。

每天我都尽量让自己变得更有学识、更明白事理、更有好奇心、更有同情心、更有适应力、更加成功并且更有控制力。

不管生命中会发生什么，我都让自己快乐。

如果能遵照上述信条积极地实践，那么，你就能极大地减轻工作带来的压力，还原生活本来的面目，就将推动你的事业逐步走向成功。

（2）排解烦恼，净化心灵

现代社会中的或多或少都有一些心理疾病，比如，都市病、孤独症、焦虑症、肌无力、电脑网络的依赖症，等等，都是造成人们精神压抑、忧郁、狂躁的原因，不是偏执就是怀疑。很多人还没有意识到这点。所以，调节心理的健康刻不容缓。

要保持乐观的心态。心理疾病与人的性格和对待外界的态度有关，我们一定要让自己保持积极乐观的处世态度。要宽容，要了解人性的特点，尽量宽厚地对待他人，学会谅解周围的人和事。要懂得排解，寻找社会的支持，比如，亲人、好友、同学等，倾诉内心的烦恼、委屈，寻求宽慰。要善于宣泄，找一种合适的方式，尽情地将积聚在心里的苦恼、忧愁、委屈、怨恨等发泄出来。要积极地转移，当遇到生气或伤心的事时，有意识地把注意力转移到自己平时感兴趣的活动中去。要增加体育运动，通过户外活动摆脱羁绊，使心态逐渐地平复下来。另外，听好的音乐也是排解烦恼、净化心灵的有效方法。

（3）担当责任，甘于奉献

著名企业家松下幸之助说："做人跟做企业都是一样的，第一要诀就是要勇于承担责任。勇于承担责任就像是树木的根，如果没有了根，那么树木也就没有了生命。"社会学家戴维斯说："放弃了自己对社会的责任，就意味着放弃了自身在这个社会中更好的生存机会。"只有那些勇于为社会、为组织负责的人，才有可能做成一番大事业。

简单地说，责任是一种主人翁精神，它是对人生义务的勇敢担当。一个勇于承担责任的人,会因为这份承担而让生命变得更有分量。在工作中，我们应当勇于接受任务，并按时、保质、保量地完成。一个对自己团队负责的人，其实也是在对自己负责，因为他的利益是和团队密切相关的。如果每一个人都有主人翁精神，都把工作上的事情当做自己的事情来做的话，无形当中会形成很大的团队凝聚力和竞争力。

（4）身心健康，持续发展

在人生的道路上，我们有可能遇到各种各样的危机，而最大的危机无疑是"丢掉饭碗"。如何让自己的饭碗捧得更加牢靠，并且让自己的饭碗不断地做大，这是大多数职场人士的追求。把饭碗做实做大，永远保持职业的危机意识，让自己"可持续地发展"，这是极其重要的。一个国家要讲"可持续发展"，作为个人，我们也要有"可持续发展"的意识，唯有如此，才能取得事业的成功。要成为一辈子捧金饭碗的人，就必须时刻拥有"可持续发展"意识，并做到未雨绸缪。

希腊神话中有个英雄名叫阿喀琉斯，他力大无比、能谋善战，然而太阳神阿波罗用箭射中他全身唯一刀箭可入的地方——脚踵，这一致命弱点最终断送了他的辉煌。今天，职场活跃着这样的一群人，他们为了各种理想而努力奋斗，拼命透支，突然他们倒下了，原本辉煌的事业戛然而止。其实，"磨刀不误砍柴工"。或许我们可以采用另一种奋斗方式，让我们的事业更加蓬勃地可持续发展——找回健康，重获职业发展的原动力。

什么是职业发展的原动力？是不是只有拼命地工作、废寝忘食地忙碌才可以提升你的职场竞争力？是不是健康、生活、兴趣爱好可以暂且放到一边？健康就好像我们职业发展之路上的"氧气"，平时感觉不到，一旦缺失，就好比釜底抽薪，让生命之轮停止前进。当健康亮起红灯，曾经光明的职业发展之路就会骤然暗淡，有人这才追悔莫及。有的人合理地安排工作，做好健康规划，为职业发展带来持久的动力，甚至退休后

还重回职场。

3.选择自己最擅长的工作

一个能力极弱的人肯定难以打开人生局面，他很容易成为人生舞台上重量级选手的牺牲品。成大事者则是努力自己要做的事情，充分地施展才智，一步一步地拓宽成功之路。一个人只要没有智力障碍，他就一定拥有一项或几项一般人所没有的特长或强项。人们只要在自己特长的领域发展并坚持下去，就一定能获得成功。

那么，如何来选择自己最为擅长的工作呢？职场专家为我们在如下几个方面作出了规划。这些规划和建议，可以帮助你在生活和工作两者之间找到平衡，使你在创业的人生路途中走得更平稳、更有效。

（1）发现自己的强项

对很多人来说，发现自己擅长做什么事，是一个比较困难的事情，因为他们宁可相信别人，也不相信自己。其实，你不必看轻自己，要相信你的能力是独一无二的。社会上大多数的人只会羡慕别人，或者模仿别人做事；很少的人能够认清自己的特长，了解自己的能力，他们锁定目标，全力以赴，最终能够成大事。

世界上大多数的人都是平凡人，然而大多数平凡人都希望自己成为不平凡成大事的人。他们梦想成大事，自己的才华获得赏识，能力获得肯定，拥有名誉、地位、财富。不过，遗憾的是，真正能做到的人似乎总是不多。如果你用心去观察那些成大事者，他们几乎都有一个共同的特征：不论聪明才智高低与否，也不论他们从事哪一种行业、担任何种职务，他们都在做自己最擅长的事。境遇是自己开创的,成大事者也是自己造就的。

你不必看轻自己，你也许正在做一件了不起的事，有朝一日，你或许真的可以变得"很不平凡"，成为大家羡慕的成大事者。

每个人在年轻的时候都会立志，想当科学家、发明家或者大文豪，都看起来志向远大，都有成大事者之梦。然而不是每个人都能当科学家、发明家的。培养一技之长，一步一步地去累积自己的个人资源，才是迈向成大事者之路的关键。也就是说，一个人成大事的方法在于：该花的心血一定要投入，该有的过程一定要经过。人生充满变数，一个人的成败与否，不单看他的资质，更要看他的毅力。一个人应该要有梦想，否则就失去了奋斗的目标与方向。成大事者的条件必须日积月累地做好准备，你可以立志做大老板，做大文学家，但绝对不要躺在那里等待。

人生是一个多项选择的过程，在各种选择中找到自己的强项，是非常有必要的。比如，不要只因为你家人希望你那么做，你就勉强从事某一行业，除非你喜欢。你要仔细地考虑父母所给你的劝告，因为他们的年纪比你大一倍，他们已获得那种唯有从众多经验及过去岁月才能得到的智慧。但是到了最后，你自己必须作出决定。将来工作时，感到快乐或悲哀的是你自己。

人生就是如此，你并不需要什么都拥有，诚实、自信、坚强，或者一种技能，你只要拥有其中的一项，并且让它更优秀，它就会成为你一生的资本。相信自己有强项，并且找到自己的强项，发挥自己的强项，必定会得到成功的结果。

生活对于我们并不是缺少成功，而是缺少发现。你要做的就是善于发现自己最为擅长的。你可能不知道，世界上没有废物，只是有的东西放错了地方。把你自己放对了地方，你就找到你所擅长的。天生我材必有用，每个人都有自己的长处，只要懂得发挥，都可以成为真正有价值的人。我们要找到自己最为擅长之处，发现自己的优势，就要持之以恒地发展它，利用它。我们要时刻记住，我们的长处就是重要的资本。

第八章 建立工作与生活的平衡

有的人往往会忘了自己最为擅长的,而去沿着对手的思路进行思考,照搬照抄别人的做法。其实,一个走上"抄袭"别人道路的人是根本无法进入别人最为拿手的领域的。人们往往羡慕别人所拥有的东西,却很少注意自己本身所具有的优势或者优点。在经济飞速发展的现代社会中,人们应该善于发现自己的优点,了解自己的擅长,学会推销自己,不要忽略身边的机会。

(2)擅长不分大小

擅长之事没有大小之分,只要擅长,就是你的强项,就能做成别人无法企及的事。

一提起微软公司,大家就会想起比尔·盖茨——微软公司的创始人、微软公司的精神象征。一谈起比尔·盖茨——这位富可敌国的世界巨富,人们就不能不想起软件巨人微软公司。比尔·盖茨就是一个做自己最擅长的事并且取得成功的人。比尔·盖茨从小就对电脑非常迷恋,为了做他自己最为擅长的事情,他毅然放弃了哈佛大学的学习机会和毕业证书,这样才有微软公司,才有世界财富界的奇迹。

(3)强项与自信心

一个人如果没有自信,不知道自己到底能干什么,那么他就只能脆弱地活着。反之,自信是一盏引导生命的明灯,它的力量惊人,它可以改变恶劣的现状,创造令人难以相信的圆满结局。充满自信的人永远不会被击倒,他们是人生的胜利者。自信力是成大事者拥有的一种人性优势。有了自信心,我们的每一个意念都将充满力量。当你有强大的自信心推动你去做事情的时候,你就可成就大事。我们要时刻谨记,强大的自信心也是我们发挥自己特长的基础。

4.不间断地学习专业知识

我们一生经常接触过的人成千上万,他们的爱好兴趣各不相同,然而喜欢读书学习、痴迷地钻研专业技能的人却并不多。绝大多数人并不喜欢读书学习,不喜欢钻研专业技能,只喜欢做一些实际的具体工作和事情,比如,只喜欢干动动胳臂、跑跑腿的体力活儿,业余时间喜欢打牌、玩游戏、钓鱼、喝酒聊天及各种娱乐活动,等等。他们对读书学习、钻研专业技术却不感兴趣。

我们经常听到身边的很多人说:"我一看书就头疼。""让我干什么都行,就是别让我学习。我对读书学习最不感兴趣。我要是有那闲工夫,还多玩一会儿呢!"其实,兴趣好似人生的导师,它既可以引导一个人误入歧途,它也可以引导一个人走向人生的辉煌。如果一个人在人生中缺少了兴趣这个导师,他就会自闭,把自己关在一个狭窄的人生空间中,不能使自己的人生价值得到充分的体现。

所以,一个人要想与众不同、事业有成,他首先要培养自己读书学习、钻研专业知识的兴趣。在现实生活中,我们自己本人包括我们身边的亲朋好友,都曾经有着广泛的兴趣,有些人想学企业管理,有些人想学技术,有些人想学艺术,有些人想学文学,可是大部分人是"五分钟热度",刚开始学习,只要遇到困难就打退堂鼓,很难持之以恒,最终一事无成,什么都没学会。读书学习,钻研专业技能,必须做到善始善终,要做到举事则成,才能够真正获取有价值、有意义的一生!

有的人认为,玩游戏、打麻将、喝酒、抽烟才能让人上瘾,读书学习、钻研专业技能能让人上瘾吗?不能让人上瘾的事情,能培养出人的兴趣吗?下面这几位历史人物,他们都有着绝对经济实力和各种必备条件,并在政治、文化、艺术领域具有极高造诣。

毛泽东终生与书为伴,学而不厌,诲人不倦。他一生勤奋学习,他认为:学要胜古人,积学贵有恒,书要反复读,广收博览,勤动笔墨,学思结合,学而不厌,学以致用。

毛泽东终生与书为伴,他手不释卷,书不离身,他热爱学习、热爱读书无人能比。毛泽东曾说:"我一生最大的爱好是读书学习。""饭可以一日不吃,觉可以一日不睡,书不可以一日不读。"自少年时代起,毛泽东就善于挤时间看书学习。在长沙求学时期,他勤学苦读;革命战争年代,他利用战争空隙争分夺秒地研读,社会主义建设时期,他更加嗜读。读书学习是毛泽东的生活常态。

毛泽东每日同书做伴,每日与书共寝。毛泽东的床头桌上放着一盏台灯。只要他未睡眠,那台灯总是亮着陪伴读书人。在灯光下,毛泽东半卧着读书……当工作人员走进他的寝室时,经常看到他正在全神贯注地阅读着,他一点儿也觉察不到有人走进来。读到有趣之处,他常常发出"咯咯咯"的笑声。直到病重临终之前,毛泽东也未放弃对书本的钟爱。在1976年9月7日至8日下午的弥留之际,毛泽东仍在坚持看文件、读书。据医疗护理记录,9月8日这一天,毛泽东看文件、看书共11次,达2小时50分钟,其中有一次他在工作人员的帮助下看了7分钟的书就又昏了过去。10多个小时后,毛泽东在书香中世逝。

康熙皇帝,全名爱新觉罗·玄烨,8岁登基。他在很小的时候就刻苦读书,每天读书竟达10多个小时。至青年时,他便将经、史、子、集读得滚瓜烂熟。特别可贵的是,他成年以后,在治理国家的实践中,知道了自然科学的重要,便刻苦学习自然科学。在中国历代帝王中,康熙皇帝是唯一认真学习过西方科学知识的皇帝,他通过学习,掌握了西方的数学、天文、地理、物理、化学等方面的知识，并主持了几项大规模的科学活动。这些史实记载在典册中，在他生活过的紫禁城中，至今仍留下了上百件他学习和从事科技活动的仪器。

康熙皇帝虚怀若谷，还向国内许多有学问的人请教，使自己的学问更精更深，特别是在自然科学方面更有造诣。他接受数学家陈厚耀的建议，编纂了一本集当时数学成果之大成的《数理精蕴》。

第八章 建立工作与生活的平衡

勤奋学习，是康熙为君之道的一个重要法宝。人民的领袖毛泽东和康熙皇帝喜爱读书学习，不只是他们胸怀大志，崇尚学习，更重要的是他们养成了浓厚的学习兴趣和良好的学习习惯。

美国实业家、超级资本家洛克菲勒曾说过："不论是自动自发者，还是被动的人，都是习惯使然。习惯有如绳索，我们每天纺织一根绳索，最后它粗大得无法折断。习惯的绳索不是带领我们到高峰，就是引领我们到低谷，这主要得看是好习惯还是坏习惯。坏习惯能摆布我们，导致失败，它很容易养成。好习惯很难养成，却很容易维持下去。"

书是人类的精神食粮，读书学习可以让人心情畅快，精神愉悦，读书学习不只是成就自己人生事业的基石，更是一种人生快乐。

好的书籍与你为伴，它会在你烦恼时为你排忧，在你孤寂时为你解闷，在你迷茫时为你指明前进的方向，它会帮助你领悟人生，帮助你应对挑战，帮助你克服工作及生活中的种种困难，帮助你更快速地走向成功！

对我们每个人而言，刻苦读书，钻研专业知识，是我们平衡工作与生活的最有效的途径之一。

5.别让不良情绪影响工作

在工作中找到平衡，情绪是个至关重要的因素。在工作中，制止不良的情绪，能使本来压力很大的工作变得轻松，从而形成我们人生中一个平衡的支点。现在，我们从防止不良情绪的产生和传播入手，阐释怎样制止不良情绪，让工作变得轻松愉快的有效途径和方法。

随着工作压力、竞争环境的变化，在很多行业或者工种中，不良的情绪相对比较普遍，比如，因为完不成销售指标而产生的沮丧、抑郁、焦躁、偏执、挫败感，因为工作的高度责任、风险而造成的紧张与焦虑，还有那些苛刻的客户和不合理的投诉而导致的愤怒等。如果将这些负面情绪禁锢在相对封闭的环境中，那么它将难以在短时间内化解，进一步积聚后就会危害心理健康，造成严重的后果。

不良情绪还会通过人际链传播，严重时甚至影响整个团体，导致员工士气低落。不良的情绪在职场中传染，会降低职场人士的工作效率，影响职场人士的职场表现，因此，我们在努力不成为一个不良情绪传播者的同时，要让自己学会避免受到不良情绪的传染。

（1）产生不良情绪时怎么办

一提到工作中的不良情绪，很容易想到"觉得工作累，郁闷"，或者因为压力大而感到沮丧、挫败等。从心理学角度来看，评估个人负面情绪状况的指标有抑郁、焦虑、敌意、强迫、神经质等。其实，负面情绪和开心、愉悦等正面情绪相对，它的产生是很普遍的，也很正常的。然而如果负面情绪长时间得不到缓解，那么负面情绪就会成为干扰工作甚至危害健康的主要诱因。

通常，工作经验较少的人更容易产生焦虑、挫败感等不良情绪，然而随着工作阅历的增加,他们管理自己情绪的能力也会提高,遇到问题时便能更快地化解自己的负面情绪。不要把工作中的情绪带到个人生活中,离开工作环境后,就不要再多想工作上的种种问题。在通常情况下,保持一定程度的个人空间,休息放松,也有助于让工作中的不良情绪及时得到化解。

(2)受到不良情绪传染时怎么办

不良情绪之所以容易在人际间传播,是因为情绪会直接影响人与人的交往。当别人对你的态度不好时,你无意中也会对对方表现出不友好的情绪。虽然许多人在工作中不会直接作为其他人负面情绪的宣泄对象,但是诸如受到指责、和对方沟通无果感到气愤等情况则是每个人都可能遇到的。

在被不良情绪传染到时,有两点经验可以借鉴。一是调节自己的想法和心态,比如,面对那些要求苛刻的条件,你想可能是对方也受到了某种压力,并非有意来为难你,这时你就将更多的关注点放在如何解决问题上,而绝非是自己生气。二是如果你感觉生气的话,可以先把那件事搁置起来,比如,刚刚受到了上司的批评,你立刻就去争辩,可能会放大双方不良的情绪,不如自我平复一段时间后再去做沟通。

(3)如何避免成为一个不良情绪的传播者

虽说倾诉和宣泄都有助于化解自己的不良情绪,但工作环境其实并不是一个适合宣泄的地方。首先,很有可能我们会不得不与一些自己不喜欢的人一起工作,不管是同事还是客户。并不是说我们必须刻意压抑自己的情绪,而是职场中的,第一要务是要表现得体而且专业。其次,很多的挫败感其实都来自沟通后的放大。比如,几个同事聚在一起抱怨要求严格的上司,可能正是由于大家都在寻找遇到困难时的共同感而产生

抱怨，但是这对缓解不良情绪无益，往往还会引发更多的郁闷和担心。

我们在意识到自己出现负面情绪时，除了要想办法尽快地化解之外，还要尽量避免自己在工作环境将这种不良的情绪传播出去。否则，只会造成更多不必要的误解。另外，我们即使在倾诉，也要尽量将重点集中在听取对方的建议方面，而非单纯的抱怨，因为一味地期待安慰和同情并不能解决实质性的问题。

（4）哪些因素容易导致我们在工作中产生不良情绪

高度的压力容易使人产生焦虑和紧张的情绪，比如"零差错"的要求或者巨大的责任风险就容易使人产生压力。过大的工作量则容易使人产生沮丧和挫败感，因为总是陷入在"完不成"的状态中，就较容易引起抱怨，让人有不公平感。除了工种的因素之外，其他的情况，比如，工作频繁变动、人际关系紧张、职业发展前景遭遇瓶颈等，也容易使人产生负面情绪。

（5）用哪些方法化解自己的不良情绪

依据不良情绪的强烈程度，可以采用以下的方法进行化解。一是自我压抑，暂时控制情绪；二是去做喜欢的事，转移不良情绪；三是将不良情绪宣泄出来，诸如找人倾诉、打沙袋等；四是使身体和精神放松，比如进行按摩、SPA、听音乐；五是调节自己的想法和心态，比如降低工作的目标或者自我宽慰；六是想办法去解决问题。

（6）怎样让工作变得轻松愉快

有时候，工作可能会成为你的负担，你被束缚在试图让自己做得更多的圈子里而无法自拔，你的生活变成了一系列的任务清单，你根据自己完成任务的多少来衡量你成功的多少，甚至你的快乐程度都取决于你一天完成任务的多少。这样，你会感觉工作好像一团乱麻，你无法享受工作。

第八章 建立工作与生活的平衡

我们花大量时间试图找到做更多工作的方法，以便让自己做事更快、更便捷、更有效率。其实，我们应该把焦点放在享受我们正在做的工作上面，而不是在更少的时间内做更多的工作。下面有一些使工作变得更加轻松的方法供你参照。

一是跟随你自己的工作节奏。很多时候，我们讨厌工作，是因为我们试图强迫自己做自己不愿意做的事情。你是否经常在真的很想休息的时候却强迫自己做更多的工作呢？当你需要休息一下时，你却强迫自己工作，你很可能最终只是让自己分神并使工作拖延，然后你很生气，最后讨厌工作。反过来，跟随你自己的工作节奏，当你感觉想工作的时候就去工作，不想工作的时候就不工作，不要使事情复杂化。

二是只去做，不去想。这个道理很简单，无须说得太详细。只是去做，停止思考。假如失败了，那就再改过来。当你试图不断地达到完美的时候，工作可能很容易变得一团糟。事实是，你的一些想法可能并不好。如果你只是尽力地做好，你就会停止评价自己。猜猜当你不再对每件事鸡蛋里挑骨头时，你的感觉会是什么样的？你的感觉会特别的轻松。你真的可以享受你的经历，而不是担心事情的结果。那就是轻松的工作。

三是把隐藏的绊脚石搬走。是什么使你排斥工作？是什么让你觉得工作好像很乏味而不是有趣的？这可能与你对自己的看法有关。也许你认为自己不够优秀，不够聪明，或者没有足够的经验。审视一下你对自己能做和不能做的事情的态度，把隐藏的绊脚石搬走，这样你会自发地行动，会变得轻松起来。当你认为你有一个美妙的想法的时候，相信它，跟随它，追逐它，直到你心跳加速、无法自抑。如果你不信任你自己，你以后就会遗憾。你的最好的生活方式就是跟随你的直觉并对生活有信心。如果没有什么其他的东西可以相信，那就相信你自己吧！如果你不能相信自己，那你怎么能相信一个对自己都没有信心的人所作出的判断呢？有时间多读点儿书，因为那样可以使你更聪明。做你想做的和应该做的事情，

其他人会理解的。

四是关注重要的事情。我们有一种倾向：完成紧急的事情而不是重要的事情。为了完成重要的事情，我们要坚决排除各种干扰。如果需要搬一台掌上电脑到一间咖啡屋去写长篇大作，那么就去做吧！避免琐碎而紧急的事情所带来的窒息感。只有清除一切干扰，你才能关注重要的事情。

6. 尽力避免工作转行而影响生活

做工作需要理智。在寻求新的工作之前，应该想想你在未来要达到什么样的目标，通过什么样的途径去实现，然后按照这个方向开始变换你的工作。这才是你的事业发展的核心所在，这样做才不至于影响你的生活。

一般来说，变换工作并不意味着供职于不同的公司。如果你喜欢目前所从事的行业，却不满意当前所在的职位，那么你可以同人事部门讨论一下在组织内部调动的可能性。这也许才是最行之有效的解决方法。当然，这还存在一个薪金增长的问题，以及你的上级对你所做工作的评价。如果你推断这种内部调动不太可能，那就应当考虑寻求一份新职业。

在当今职场上，虽然转行已经不再是什么可怕的事情，但毕竟不像换个工作那么简单。你是不是可以转行？什么时候转行？适合转到什么行业？这些都是需要你考虑的。随着经济的飞速发展，新的商业模式及新的职位不断地出现，谁也无法保证十年之后自己不换工作。

（1）转行前一定要三思

让一个人放弃所熟悉甚至已有成就的领域而转投其他行业确实不易，他不但要从头学起，从头干起，而且还要承担经济上的损失和精神上的压力。所以在转行前一定要"三思而后行"。

一要考虑自己价值几何。不能准确地为自己定位，不清楚自己的各项能力，只是盲目地跟风或跟着感觉转行是绝对不行的。核心竞争力、客户群、个人兴趣、特长、气质、性格等样样都要考虑到，当然还要做好足够的心理准备。

二要全方位地了解"目标行业"。首先要了解该行业前景，只有朝阳行业才更有前途，才能给转行的新人更多的机会。其次是要主动地了解，不能仅靠报纸或杂志介绍。俗话说："隔行如隔山"，最理想的状况是在该行业中有几个内线，能够随时提供可靠的信息，其内容包括升迁制度、薪资状况等各个方面，总之是多多益善。

三要考虑自己是否与新行业相匹配。了解之后就要比较，寻求共同点。一般来说，知识技能、面对的客户群、工作模式三方面，只有一方面有共同点就比较好转行。比如，都是做销售，原来是销售日用品的，如果改做销售可乐，虽然行业变动了，但面对的客户群没有变化，就比较好上手。另外，据职业专家介绍，个人的特性也是要考虑进去的。比如，社会型的人适合于从事护理、教学、市场营销、销售、培训与开发等工作。创新型的人喜欢领导和控制他人，而不是去帮助他人，其目的是为了达到特定的组织目标，这种类型的人自信、有雄心、精力充沛、健谈。调查研究型的人乐于从事现象的观察与分析工作，生物学家、社会学家、数学家多属于这种类型。

（2）避开转行误区

转行一定要避开以下三个误区。一是盲目跟风，哪儿热往哪儿转，不管适合不适合自己。在职场中发展犹如爬树一样，当发现自己所攀缘的枝干不够粗或已经腐朽时，往往想到的就是退下来，换一根树枝继续爬。却没有仔细考虑自己能否爬上这棵树顶，也没有看看是否已经有太多的人在爬这棵树，它是否已经"超载"了。

二是没有做好准备，结果半途而废。转行绝不同于跳槽，跳槽可以为新企业在短时间内创造价值，而转行的人往往需要一段的适应期，要卧薪尝胆。如果缺少耐心、没有放平心态，许多转行者就会半途而废。在转换行业时，就像另选一棵树，有一个退下来的过程，在这一过程中，收入减少和职位降低很难避免，只要新选的行业是正确的，这一现象就只是暂时的，超越旧的职位与薪水只是时间问题。反之，如果转行半途而废，其代价就是惨痛的。因为想要再转回原行业，是否还有空缺的职位或获得原来的报酬和地位就很难讲了。

三是频繁地改行。改行虽然可以使职业生涯"柳暗花明又一村"，但频繁地改行也是一种误区。这就好比挖井，总是挖一会儿就换地方，那是永远挖不到水的。最高层的管理者是最容易改行的，这就好比挖井挖到了深处，地下水都是流动的，但前提是你得挖到那个深度。

（3）大转大准备，小转小准备

机遇只会光临有准备的人，转行更是如此。新就职的公司不会给你时间适应和犯过多的错误，所以你在转行之前必须做好充足的准备。如果新转的行业与你原来从事工作在客户群、工作方式上有相匹配的因素，则可以视之为小转行，准备期自然也可以较短。如果你转到风马牛不相及的行业，那你就要为这种大转行做好充足的准备了。另外，转行大都需要主动出击，推荐自己，才能使新就职的公司相信你有信心在陌生行业里取得成功。

如果要转到不了解的行业去，则要从基础开始学起。以IT业为例，专家认为，参加学历教育、认证培训、短期培训都是转行成为IT人才的方法。其中的认证培训适合在职人员学习。因为认证培训时间短，而且学习内容是最新技术或最实际的应用技术。参加"短期就业培训班"是一种快速的好方式。这样的培训班一般是四个月左右，按照工程项目开发的方式进行培养，参加培训者到了工作岗位就能够迅速地进入角色，承担起某一职位的工作任务。IT 行业的应用软件开发或系统维护不需要去开发新的东西，只需要熟练地掌握现有的东西就可以了，所以比较适合初入 IT 界的转行人员。

（4）了解最佳转行年龄

人生有三个转换职业的最佳时期，即所谓"转职适龄期"。第一阶段为 25～30 岁。这个时期正是人精力充沛、年轻有为的阶段，无论哪家公司都需要这样的人才。处于这个时期的人可以大胆地到那些没有接触过的行业里去试试。第二阶段为 35 岁前后。这个时期的人可以从事管理职位，但是只能在经验许可的行业内转职。第三阶段为 40～50 岁，其中又分为 45 岁以前和 45 岁以后两阶段。45 岁以前是充分显示个人能力的年龄段，而且企业对于该年龄段的人有多种多样的职务需求，选择的幅度和可能性都很大。对于一生只有一次转职的人来说，这是最佳时期。45 岁以后也被称为过激时期，对有能力者而言，外资企业的部长、高级职务应为其目标。在这个阶段转职不应与过去的经历有太大的变化。

中国的很多职业顾问认为，二十四五岁时是转职的高峰期，因为这个时期的人正是"自我独立、精力充沛、年轻有为"的阶段，而且开始重新审视工作是否适合自己，他们的学习能力和再造性在转职时具有一定优势。同时，30 岁也是转行的一个高峰期，人们除了正常原因转行外，"三十而立"影响了许多人的心态，往往具有一定的盲目性，人们感觉自己在这行没机会了，希望能换个行业、换个环境，带有冲动性，所以这也是转行失败的高峰年龄段。专家建议，人们不应该用年龄来强迫自己是否转行，对于转行者来说，年龄不是衡量标准，而是要看自己是否具有这行中的核心竞争力。

7.认真做好每一件小事

毛泽东说:"世界上怕就怕'认真'二字。"认真是一种态度,认真是有责任的表现,不管做任何事情,都必须认真、尽心才行。虽然一个人能力有大有小,但只要有认真的态度,就可能把工作做好,把事情办成。任何事情都不会总是一帆风顺,遇到困难绕着走,这不是一种认真态度,也做不好工作。树立认真的态度,必须有锲而不舍的精神,敢于迎难而上,不犹豫、不徘徊,不怕挫折与失败,敢想、敢干、敢于突破。树立认真的态度,必须从身边的小事做起,遵守每一项规章制度,真诚地对待每一个同事,热情地对待每一位顾客,用心做好每一件事情。

认真做好每一件小事,是一个成功者应该具备的素质。

法国作家莫泊桑小时候就是一个非常认真的人。他在学习的时候表现出了与其他人不一样的聪明才智,只要是他想要看的书,他都认认真真地去读每一页,当别人问他的时候,他都能流利地说出每一页上的内容。

小时候,莫泊桑的爱好非常多,他爱好读书、背书、写诗作文,他喜欢弹钢琴、修汽车,他还喜欢踢足球,甚至喜欢去烧烤店学习制作烧烤,去乡下学种菜。对于每一个爱好,莫泊桑都是做浅浅的学习。

一天,舅父带着莫泊桑一起去拜访他的好朋友、当时著名的作家福楼拜。见到福楼拜之后,福楼拜还没有开口问莫泊桑,莫泊桑倒是先开口问福楼拜了:"您的名气这么大,我的舅舅带我来见您,我想知道您都会什么呢?"

福楼拜没有回答他,而是反问道:"你能不能告诉我,你都会些什么呢？"

莫泊桑得意地说："我？有很多，只要您能说得出的，我都会！"

福楼拜看了看眼前这个孩子，只见他的眼睛里透着一种很得意的眼光。福楼拜认真地问他："哦，是吗？既然你会的这么多，那就先说说你是怎么学习的吧！"

莫泊桑眼里充满了自信，说道："上午，我用两个小时来读书，剩下的时间我用来练习钢琴。下午，我用一个小时到邻居那里学习修理汽车，然后，把剩下的时间用来踢足球。吃过晚饭，我就到附近的烧烤店学习如何烧烤。到了周末，我去乡下学种菜。"莫泊桑滔滔不绝地说完了，然后问福楼拜："那么，先生，您每天是如何度过的呢？"

听完这个孩子长篇大论的炫耀，福楼拜笑了笑，说："上午，我用四个小时的时间来读书写作，到了下午，再用四个小时来写作，而晚上，我还是用四个小时来读书和写作。"

莫泊桑很迷惑，"您除了读书写作以外，就不做别的了吗？"

福楼拜不作答，而是接着问莫泊桑："你会这么多，那我想知道，你有什么特长吗？或者说是你哪方面做得最好！"

莫泊桑想了好久，回答不上来。他又问福楼拜，"我说不出我的特长，那么，您能说说您的特长吗？"

福楼拜笑了，说："我没有什么特长，我只有文章写得好，这就是我唯一的特长。而且，我的每一部作品都是认认真真地写出来的。"

莫泊桑听后深受启发，决心向福楼拜学习，从此潜心读书写作，终于也成了大文豪。

第八章　建立工作与生活的平衡

在日常生活和工作中，解决问题，处理事务，策划市场，管理企业，都没有捷径可走。大量工作都是由一些琐碎的、繁杂的、细小的事情组成。这些事做成了、做好了，并不一定能见什么成就；可是一旦做不好、做砸了，就会影响其他工作，甚至把一件大事给弄垮了。因此，对待自己的工作，我们绝不可能马虎、轻视。

每一件事对人生都具有十分深刻的意义。做泥瓦工，你也许会从砖块和砂浆之中发现诗意；做一名图书管理员，你也许可以在整理书籍之余，使自己在知识上取得进步；做一名教师，你只要见到自己的学生不成才，你就会变得非常有耐心，把所有的烦恼都抛到九霄云外。

每个人所做的工作都是由小事构成的，因此不能对工作中的小事敷衍应付或轻视懈怠。记住，工作无小事。所有的成功者和我们一样，都做着简单的小事，唯一区别就是他们从不认为他们所做的事是简单的小事。

不管是对于公司，还是个人，最重要的是你将重复的、简单的日常工作做精细、做专业，并恒久地坚持下去，做到位、做扎实。获得成功的人一定是最少犯错误的那个人。

美国标准石油公司有一位员工叫阿基勃特。他出差住旅馆的时候，总在自己签名的下方写上"每桶4美元的标准石油"字样，书信及收据上也不例外，签了名就一定写上那几个字，他因此被同事叫做"每桶4美元"，而他的真名倒是没人叫了。

公司董事长洛克菲勒知道这件事后说："竟有员工如此努力宣扬公司声誉，我要见见他。"于是邀请阿基勃特共进晚餐。

在签名时署上"每桶4美元的标准石油"，这算不算小事？严格来说，这件小事不在阿基勃特工作范围之内，可是他做了并且做到了极致。那些嘲笑他的人，其中肯定有不少人的才华、能力在他之上，可是最后只有他成了董事长。

成功，就是简单的事情重复地做。要成功其实不难，只要重复简单的事，养成习惯。"一旦你产生一个简单而坚定的想法，只要你不停地重复它，终会变成现实。"这是美国 GE 前总裁杰克·韦尔奇对如何成功作出的最好回答。

每一件事情都值得我们认真地去做，别轻视自己所做的每一件事，即便是最普通的事，也要全力以赴、尽职尽责地去完成。这是通过工作获得成功的秘诀。

8.一次只做一件事情

一次只做一件事，犹如沙漏里通过沙粒一样有条不紊。一次只处理一件事，一个时期只有一个重点。不要将心力分散在太多的事情上，那样会降低办事的效率，徒增烦恼。人的头脑里塞满太多的讯息，就像电脑的 RAM 塞满了处理命令，会导致运行缓慢甚至死机。

为了一次只想一件事，你需要清除一切分散注意力、产生压力的想法，把你的注意力集中在你必须专注的事情上，让你的思维完全地进入良好的工作状态。

你需要把你想做的事情想象成一大排抽屉中的一个小抽屉，而不是一排抽屉。你的工作只是一次拉开一个抽屉，圆满地完成抽屉内的工作，然后推回抽屉，并不再想它。

你需要了解在每一项任务中你所承担的责任，了解你自己的能力极限。如果你不能很好地掌控你自己，你就会效率低下，而且得不到工作的快乐。

能够将你的身体与心智的能量锲而不舍地运用在同一个问题上，就是专注！专注能让你在做事的过程中全身心地投入，不受外界干扰，从而极大地提高做事的效率。专注是一种精神状态，它可以通过加强注意力来实现。

集中注意力要有两个因素：一是即时目标，注意正在发生的事情；二是密集度，因为将所有的注意力集中于单一的事情上，这就有了密集度。

为了避免光线向没有用处的地方扩散，我们使用反射镜来实现；为了避免人的精力消耗在没有用处的地方，我们应当克服对注意力产生干扰的因素；为了把光线集中于某一点，我们使用凸透镜；为了把我们的思想集中于某一点，我们必须保持专注。

在日常工作和生活中，我们经常被一些不需要消耗精力的事情所干扰。漂亮的女士、临近的假期以及各种纷繁的信息经常出现在我们的头脑中，分散我们的注意力。我们的心思可能被这些事情拉走，以至于忘记了眼前的职责和工作。利用专注的方法排除这些干扰，对于工作的完成质量有着至关重要的作用。

世界上，最紧张的地方之一可能要数只有10平方米的纽约中央车站问询处。每一天，那里都是人潮汹涌，匆匆的旅客都争着询问自己的问题，都希望能够立即得到答案。对于问询处的服务人员来说，工作的紧张与压力可想而知。可是柜台后面的那位服务人员看起来一点儿也不紧张。他身材瘦小，胸前挂着组长标志，戴着眼镜，一副文弱的样子，却显得那么轻松自如、镇定自若，面对着游客的提问总是应付自如。

在他面前的旅客是一位肥胖的妇女，她的脸上汗水不由自主地往下流着。很显然，她十分焦虑与不安。问询处的年轻人倾斜着上半身，以便能更好地倾听她的声音。"您好，您想询问什么？"他把头抬高，集中精神看着这位妇人，接着说道，"您要到哪里去？"

此时，有一位手提着皮箱，头上戴着礼帽的男子试图插入这个对话之中。然而这位服务人员却视若无睹，只是继续和这位妇人说话。"您要去春田吗？"他根本无须要看行车时刻表，说道，"那班车将在15分钟之内到达第二站台。您不用跑，时间还多得很。"

那位女人转身迅速地离开。这位服务人员立刻将注意力移到那位戴帽子的男士身上。可是没过多久，刚才那位胖太太又汗流浃背地回来，问这位服务员："你刚才是说第二站台吗？"这次，这名服务人员却把精力都集中到那位戴礼帽的男士身上，待回答完那位男士的提问后，才又把注意力转移到胖太太的身上。

有人问那位服务人员："面对这样众多的提问和急躁的旅客，你是怎样保持冷静呢？"那位胸前挂着组长标志的服务人员这样回答："我并没有和所有的游客打交道，我只是单纯地处理一位旅客。忙完一位，才换下一位。一次只服务于一位旅客，一定要让这位旅客满意。"

说得多好！"一次只服务于一位旅客，一定要让这位旅客满意。"这话堪称至理。许多人在工作中把自己搞得疲惫不堪，而且效率低下，很大程度上就在于他们没有掌握这个简单的工作方法：一次只解决一件事。他们总试图让自己具有高效率，而结果却往往适得其反。

我们要学习那位服务员的工作方式，一次只着眼于一件事情，集中精力，出色地完成这一件事情。把其他的事情按照轻重缓急顺次安排下来，上一件事解决之后，再着手解决其他事情。这样才不会因为事务繁杂、理不出头绪而顾此失彼，导致工作效率低下的局面。

一次只解决一件事情，是循序渐进地完成任务，真正有效地处理好工作中的每一件事情。真正成熟的做事作风，必然建立在对细节精确把握的基础上。只有做好工作的细节，方能达到效率第一，"举重若轻"的效果。

"一次只做一件事",这可以使我们一心一意地把事情做好。好高骛远、见异思迁、心浮气躁,什么都想抓住,最终就像猴子掰玉米,掰一个,丢一个,到头来两手空空,一无所获。

9.不找借口拖延工作

借口是拖延的温床,习惯性的拖延者通常也是制造借口的专家。有了寻找借口的恶习,做起事来往往会不诚实。这必定遭人轻视,别人会轻视他们的人品。这种人无法作出承诺,他们总是为没有做某些事而制造借口,或想出千百个理由为事情未能按计划实施而辩解,这种人是不可能赢得成功的人生的。

借口虽然能够让人暂时地逃避困难和责任,获得了些许心理的慰藉,但是借口的代价却无比高昂,它给人们带来的危害一点儿不比其他任何恶习少。找借口的一个直接后果,就是让人养成拖延的坏习惯。

不要寻找任何借口为自己开脱,寻找解决问题的办法,是最有效的工作原则。在我们工作中,我们缺乏的是一种创新的精神和自动自发工作的能力。没有谁天生就能力非凡。当遇到困难和挫折时,消极心态剥夺了个人成功的机会,最终让人一事无成。正确的态度是正视现实,以一种积极的心态去努力奋斗,不断进取。

工作是生活的一部分,粗劣的工作就会造成粗劣的生活,做着粗劣的工作不但使工作的效能降低,而且还会使人丧失做事的能力。"超越平庸,选择完美",这是一句值得我们每个人一生追求的格言。工作是如此,做人也是如此。有些人因为养成了轻视工作、马虎拖延的习惯,对于工作敷衍了事,最终被社会淘汰。

找借口把应该完成的工作拖延到明天,是工作效率低下的主要原因。那么,到底应该如何改正找借口拖延工作的毛病呢?我们可以试着从以下几个方面入手。

（1）设立短期目标

自己设立一个短期的目标，然后接下来做一些让你更接近目标的事情。树立决心会创造动力。一旦你下定决心采取行动时，那股动力便会鞭策你继续前行。只要持续行动，便有可能实现你预定的目标。

你要分析利弊，对目标有意识地加以分析，看看尽快实践有什么好处，拖拉有哪些坏处，这对下定决心、立即着手很有督促作用。比如，将大块的任务分成小块，化大为小，难题就好解决了。有所成就的人大多得益于这种方法。你想写200万字的书稿吗？每天写一页，不到7个月就可以完成。如果想一下子搞定，那就只能被目标吓倒。有了大的目标，首先分解它，化成一系列短期的小目标，再一个接一个地完成，就容易搞定了。

（2）设定最后期限

要勒令自己绝不拖延，有事情要及早做。要有实施计划的勇气。勇气是克服懦弱、付诸实践的先决条件。许多人的潜力之所以没发挥出来，是因为他们限制了自己，缺乏突破的勇气。为自己设定时限，能有效地克服胆怯，能充分地发挥潜力。

你不妨想象自己只剩一年的生命，将它化做激励你前进的动力。如果没有效果，就把时间缩短至6个月，或者一个月。因为我们无法得知什么时候生命会结束。这样的不确定性让人们以为自己拥有无限的时间。事实上生命相当短暂，应该把握今天，掌握当前，立即行动。

（3）固定的行动时间

选定一段固定的行动时间，哪怕只是一个小时，把每一天或每个星期

中的该段时间空下来，专注于设定的目标上，其他什么事都不要做。

你还可以设定固定的时间做你感兴趣的事情。比如，你无意写报告，却可能有兴趣翻阅有关资料；你不想修电器，却可能愿意收集电子元件。总之，在该办的事件中先拣有兴趣的办，让你处于良好的精神状态。

（4）寻求外界的帮助

为了克服拖延的坏习惯，你可以向信任的人寻求帮助。比如，要求好朋友经常询问你实施计划的进度，或者要求你的爱人在你懈怠的时候温柔地提醒你继续行动。不过，请避免与不相干的人讨论你的目标，因为只讨论目标而不积极追求只会动摇你的决心并延缓你的进度。

你也可以向别人作出保证，这会使你产生一种有益的焦虑感和时间的紧迫感，会有效地克服拖拉习惯。

你还可以试试励志格言的力量。励志格言含有能量，能够产生一定激励作用，促使你将内心想法转换成具体的行动。你最好每天早上问自己"我面临的最大问题是什么？今天打算解决到什么程度？该做哪些事情？"如果你克服了拖拉的习惯，你就会跑在时间的前面。

在任何时候、任何情况下，你都要时刻提醒自己：不要拖拉。做到了做事情不拖拉，你就离成功又近了一步，你的人生质量又高了一层。

10.告别谋生式的抱怨和叹息

工作首先是为了谋生，有时我们不得不从事自己并不喜欢的工作，有时甚至要忍气吞声、抱怨叹息。久而久之，有些人就会无奈地感叹："没有办法啊，为了混口饭吃！"这是谋生式的抱怨和叹息。

美国知名学者、社会评论家保罗·古德曼曾作过这样的推断：美国有

82%的员工视工作为苦役，而且迫不及待地想要摆脱工作的桎梏。为什么不能把工作当做一件快乐的事情？或许有的人这样抱怨道："我干的不是自己喜欢的工作；我的老板、上司能力不强，没法调动我的积极性；这家公司的机制不行；周围的同事不好合作……"

也许你暂时没有选择到自己喜欢的工作，也许你暂时没有进入一家令自己满意的公司，也许你所处的环境并不尽如人意，但是有一项权利始终在你手中握着，即以什么样的心态面对这一切。其实，如果你留心就会发现，你的身边有很多人已经告别了谋生式的抱怨和叹息，正在快乐地工作着。他们能做到的，你也一定能做到。能否快乐地工作主要取决于你的态度，千万不要把快乐的主动权交给别人。

（1）不要只为薪水而工作

为了谋生而工作并不等于拥有充实的人生，辛苦地工作与生活过得有意义也是完全不同的两回事。在为生计奔走的同时，你应当静下心来思考：目前自己所从事的工作仅仅是糊口的饭碗，还是具有更深远、更丰富的意义？赚钱的魅力是经不起时间考验的，因为它无法为"我是谁"、"我如何看待自己"这样的问题找到答案。

美国巨富查尔斯·施瓦布说："如果你对工作缺乏热情，只是为了薪水而工作，那么你很可能既赚不到钱，也找不到人生的乐趣。即使你所选择的事业为你带来的只是微薄的报酬，只要你用满腔热忱地全心投入，也必然能够开创崭新的局面，每天工作的时候自然会感到充实、快乐。金钱不过是增添人生风味的调味品而已。不要被钞票牵着鼻子跑。金钱并不能帮你点燃心中热诚的火炬。"

IBM前营销总裁巴克·罗杰斯曾经这么说过："我们不能把工作看做是为了五斗米折腰的事情，而必须从工作中获得更多的意义才行。这不但是为了我们自己，同时也是为了付钱请我们做事的人。我们要从工作

当中找到尊严、乐趣、成就感以及和谐的人际关系。这些都是我们自己的责任。"

（2）用理解化解抱怨

最能影响团队战斗力的就是团队成员互相抱怨，以及由此造成的隔阂与矛盾，这种状况会直接影响彼此之间的合作，同时增加内部的沟通成本。例如，有些人看到同事工作出现失误，不是负责任地帮助他找出问题所在，而是抱怨他水平不高、能力不够、妨碍了自己工作的进展；有些人工作出现问题，就抱怨上司管理能力不行、同事没有全力配合，或者抱怨公司制度不合理。

抱怨会在你和同事之间竖起一堵墙，在你的心灵上加上一把"锁"。打开这把"锁"的金钥匙就是理解。理解表现在你能够以和为贵、认可他人、待人如己、适度妥协上。

一是以和为贵。中国人一向注重"以和为贵"，在人与自然的关系上重视人与自然的统一，谓之"天人合一"；在人与人的关系上重视和谐，谓之"以和为贵"。所谓"和"就是指各要素的和谐共处。

一个团队的成功源于"人和"。"人和"能够减少内耗，减少团队成员之间无序和不协调的状态，减少双方之间因互相扯皮、推诿责任而导致的损失。"人和"才能"心往一处想，劲往一处使"，最大限度地调动团队成员的积极性和创造性，实现团队的目标。

二是认可他人。心理学家威廉·詹姆士说过："人类本质中最殷切的需求是渴望被肯定，这种渴望不断地啃噬着人的心灵。"

尺有所短，寸有所长。每一个人都有自己的独到之处，都有值得称道的地方。你的爱人、亲戚、朋友、同事也正在期待着你的认可，因为人的"自我价值感"是由别人的肯定、赞美而来的。只要让他人感觉自己很重要，对方也会善意地给你"正面的回馈"。所以，你不要吝啬对别人的肯定。

当你发现身边每个人的长处并热情称道时，你就会发现自己的不足，你才会真心地想融入集体之中，而不是孤芳自赏，与别人格格不入。

三是待人如己。人际交往有一条黄金定律：待人如己、推己及人。待人如己，就是凡事为他人着想，站在他人的立场上思考。推己及人，就是考虑自己的言行举止能否被别人接受。其依据是人同此心，心同此理，将心比心，设身处地。当你试着待人如己、多替别人着想时，你身上就会散发出一种善意，影响并感染周围的人。这种善意最终会回馈到你自己身上。

> 有两个小和尚为了一件小事吵得不可开交，谁也不肯让谁。
>
> 其中一个小和尚怒气冲冲地去找师父评理。
>
> 师父在静心听完他的话之后，郑重其事地对他说："你是对的！"于是小和尚得意扬扬地跑回去宣扬。
>
> 另一个小和尚不服气，也跑来找师父评理，师父在听完他的叙述之后，也郑重其事地对他说："你是对的！"他满心欢喜地离开了。
>
> 一直跟在师父身旁的小和尚终于忍不住了，他不解地向师父问道："师父，您平时不是教导我们要诚实，不可说违背良心的谎话吗？可是您刚才却对两位师兄都说他们是对的，这岂不是违背了您平时的教导吗？"
>
> 师父听完之后，不但一点儿不生气，反而微笑地对他说："你是对的！"
>
> 此时小和尚才恍然大悟，立刻拜谢师父的教诲。

其实从每一个人的立场来看，他们都是对的。只不过因为每一个人都坚持自己的想法或意见，无法将心比心、设身处地地去站在别人的立场

去为他人着想,冲突与争执也就在所难免了。如果能够有一颗善解人意的心,凡事都以"你是对的"来为别人考虑,那么很多冲突和争执就可以避免了。

四是适度妥协。在团队协作过程中,难免会遇到成员之间意见产生分歧、发生争执的时候。为了达成团队的共识,实现工作目标,我们必须学会妥协。在很多时候,妥协并不一定是贬义词,倒很可能是一种艺术。正如北京大学光华管理学院院长张维迎教授的一个经典的说法:"妥协是一种原则,但原则是不能妥协的。"这就如同在商务谈判中作出让步,有时看似妥协,其实是一种以退为进、以守为攻的巧妙战术。这是谈判中不可缺少的艺术。

把妥协当做一种原则,实际上是为了达到预期目的而作出的让步,或者是为求折中所寻找的替代方案。这就要求我们不应在自己的立场上固执己见,而应积极地寻找隐藏于各自立场背后的共同利益。

11.学会在工作中忙里偷闲

人生在世,不能不忙,也不能没有闲暇。有忙有闲,亦张亦弛,才不会人为地绷断生命之弦,不会加速燃尽生命之膏油,能够使人既享尽天年,又有所作为。要如此,关键要学会忙里偷闲,在工作中平衡身心。

宋朝诗人黄庭坚说过:"人生政自无闲暇,忙里偷闲得几回?"这就告诉人们,人生是忙碌的,要学会忙里偷闲。忙里偷闲既符合文武之道,也符合自然规律。

自然界都有忙闲的规律,春夏生机勃发,万物生长,到处燕舞蝶飞;秋冬收敛萧索,万物沉寂,处于休眠状态。人本身也是属于自然的一部分,所以人生不可不懂休闲,不可没有休闲。既然大多数人不可能有大块时间休闲,那就只能忙里偷闲。忙里偷闲不是偷懒,而是让紧绷的弦放松,是给滚烫的机器降温，是为新的冲刺加油。它的好处是无穷的。

一个人只有在清醒的状态下做事，才会是高效率的。否则，就算我们花费在做事上的时间再多，效果也是很差的。清醒的精神状态对我们来讲相当的重要。获得清醒状态的最好办法当然是休息。一个人只有休息好，才有可能精力充沛地投入到工作中去。现实的问题是，我们很难获得高质量的休息。但是，为了能够更好地做事，必须要有高质量的休息。休息绝对不是浪费时间。浑浑噩噩连续24小时地做事，一定不会比8个小时全神贯注地做事产生的效果更好。大家都明白这个道理。关键是，在你需要休息的时候，你能够想到这一点，而不再让自己继续去做事。长时间坐办公室的人，几乎很少有时间进行一定量的体育运动。体育运动不但可以使我们的头脑清醒，同时也能增强身体机能，以应对繁忙的工作。

高质量的休息，就是将自己的身体和精神处在一种完全放松的状态。在这个过程中，我们的身体机能和精神状态都能够得到恢复。获得高质量的休息不是一件很容易的事情，其最主要的原因在于我们很难做到该做事的时候做事，该休息的时候休息。其实，我们要做的事并没有多到一点儿休息的时间都没有，并没有多到连吃饭、去厕所、搭公交车、睡觉的时候都要为做事伤脑筋。然而，做事带给我们的紧张情绪，却被我们毫无保留地带到了我们的全部生活中。

休息的时候，我们的脑海里还缠绕着有关于工作的种种细节，我们还是在下意识的惯性作用下，处在工作的状态中。尽管我们可能已经远离了电脑，远离了文件，但是，我们的大脑却还是和那些东西连在一起。更为严重的是，工作还蔓延到了我们的睡眠之中。

我们能有多少人可以每天享受到舒适的睡眠，而不被与工作有关的梦境所打扰，相信那个比例一定是小得可怜。这个问题的症结就在于我们不能够很好地在工作状态与休息状态之间实现转换。我们经常是不能很好地进入角色。让你停止休息，马上投入工作，可能不难；但是要你停止

工作,马上去休息一下,可就不是那么简单了。解决这个问题没有什么太好的办法,因为人毕竟不同于机器。如果是一台机器的话,只要设置一个ON/OFF的开关就好了,就能说干就干,说停就停。人是不可能做到的,任何人做任何转化调整,都是一个渐变的过程。我们能做的就是让这个渐变过程尽可能地缩短,尽量忙里偷闲。

忙里偷闲有利于提高工作效率,它是紧张工作过程中的自我调节,适当放松,在未感到疲劳时"提前休息",或"主动休息"。从生理学角度看,这是迅速恢复体力,提高工作效率的最佳方法。因为当人体感到疲劳时,体内产生的代谢废物——乳酸、二氧化碳、水分等在肌肉内堆积过多,会妨碍肌肉细胞的活动能力,长此以往会积劳成疾。所以,在未感到明显疲劳时,体内积蓄的代谢废物较少,稍稍休息一会儿便可消除。忙里偷闲,抽出很短的时间做些自己喜欢的事,如听音乐、散步、小憩等,都能起到放松作用,达到事半功倍的效果。

忙里偷闲有利于身心健康。白居易曾作《闲眠》诗说:"暖床斜卧日曛腰,一觉闲眠百病消。"该诗句说明了休息对身体健康的重要性。当人躺下时,全身肌肉得到了放松,心率开始减慢,紧张感开始消除,心境也跟着平静下来。研究发现,在工作中间哪怕只休息一会儿,比如打5分钟的盹儿,收到的效果也很显著。国外有资料说,一个人午休时,靠着墙壁坐下,手中拿一颗小钉子,当打盹儿时钉子无意中掉下,这就说明此人已经达到了休息的目的。可见,忙里偷闲的实质就是让紧绷的神经放松,哪怕放松片刻都是有好处的。

忙里偷闲重在"偷"。"偷"有"挤"的意思,即从繁忙中挤出闲暇来。忙里偷闲的情趣就在于"偷"。世界上许多杰出人物都是"忙里偷闲"的高手。在第二次世界大战期间,已近70岁高龄的英国首相丘吉尔,每天都坚持工作16小时以上,始终保持着旺盛的精力,原因之一就是他善于"忙里偷闲",他坐上汽车就能休息,每天都坚持午睡一个小时。晚饭后他便在办公室内的床上睡上两小时，醒后立即精神饱满地投入工作，直至次日凌晨。周恩来总理也很会忙里偷闲，在乘车时、接见外宾前或会议之间打一个盹儿，养一下神，便马上又投入工作。

无论工作多么重要，生活多么忙碌，为了我们的身心健康，我们也要学会忙里偷闲，挤出时间给自己放松身心。比如，在正午休息一会儿，被一件事搞得焦头烂额时，试着换做别的一件事，或适度地休息一下。经过这样的调整马上会觉得精力充沛，心情豁然开朗。

给你的忠告是，不要等到非休息不可的时候才去休息，你应在疲惫到来之前休息。只有这样你才能让自己的精力一直保持旺盛，能够在清醒的状态下高效率地做事。

忙中有闲，忙里偷闲，在实现人生价值的过程中享受生活的乐趣，使得生活艺术化和趣味化，这对于更有效地工作，平衡工作与生活都有莫大的益处。

第八章 建立工作与生活的平衡

第九章　要选择健康的生活方式

　　健康的生活方式是当代人追求的生活方式，它要求我们按照作息的基本规律来生活，避免不良的嗜好和习惯，保证充足的睡眠以及合理的饮食。本章内容从这几个方面进行详细的阐释。

1. 多数疾病产生于追求完美

　　世界卫生组织的研究资料表明，决定人类健康的因素，40%在于遗传因素和生存的环境条件以及医疗条件，而60%在于人们的生活方式。也就是说，人类的健康有60%是掌握在自己手中的。为了自己的健康，我们应该培养健康的生活方式。

　　中国人崇尚凡事都不要做得太满，要适当地为自己留点儿空间。月盈则亏，水满则溢，凡事做到八分就好。也就是不必对每件事都付出全力，而是尽八成的气力就好，剩下的两成气力可当做回旋的余地和养精蓄锐的本钱。如果一个人竭尽全力过分地追求完美，就有可能导致心理疾病的产生，有碍身体健康。

　　当前，越来越多的人追求完美，为了将事业做得尽善尽美，人们加起班来没完没了；为了实现自己的理想和目标，人们整日早出晚归，不注重饮食和休息，拼命地赚钱……然而，人们并没有得到想要的东西，反而累坏了自己的身体。一些心理学家认为，完美主义者往往将个人标准定得过高，不切合实际，且带有明显的强迫倾向，要求自己做不可能做到的事情。

第九章 要选择健康的生活方式

事实证明，苛求完美，对自己要求过分严格，会使人长期处于紧张和焦虑状态。身心是相互影响的，当心理被"完美"所迫时，身体便会作出一系列不良反应，如持续疲劳、不适增多、局部或浑身有绷紧感、记忆力下降、注意力不集中、胃口不好、睡眠质量差以及性欲减退……

人们为了追求自己心中的完美，整日奔波忙碌，有时甚至连吃饭的时间都无法挤出，只能匆忙吃几口或不吃。殊不知，长期不规律的饮食有可能使自己患上多种疾病，比如，胃溃疡、十二指肠炎、胆结石、糖尿病、心血管疾病等。

有关研究表明，到2015年，发达国家心血管疾病的死亡人数将比1985年的1320万多1倍；发展中国家死于此病的人数也将由720万增至1670万，且死亡者多为壮年人。这绝不是危言耸听，很多年轻的精英在事业如日中天时因疲劳而死的例子比比皆是。不仅如此，由于生活方式的改变，我们身边还出现了许多"小胖墩"。相关医学研究表明，这些胖孩子成年后，极易发生"生活方式病"。肥胖男子在70岁以前患冠心病、动脉粥样硬化、中风、结肠癌等疾病的概率要比正常体重的男子高2倍；肥胖女性70岁之前患关节炎、动脉粥样硬化等疾病的概率比正常体重的女性高很多。这都与不规律的饮食习惯有关。

另外，有些过度追求完美的人喜欢用烟酒来缓解因工作而产生的压力。然而，长期嗜烟酒却能诱发多种癌症，比如肺癌、胃癌和乳腺癌等。医学研究指出，发生肺癌，抽烟者是不抽烟者的220倍。不要庆幸你眼下还没有任何发病的症状，或者厌倦这些司空见惯的说辞，这些不良的生活习惯是吸干你身体精华的"黑蝙蝠"。不信，你就试试看！

过度地追求完美，就会使人们陷入恶劣的情绪中，而恶劣的情绪极易引发疾病。现代医学研究表明，恶劣的情绪最能使人短命夭亡。而恶劣及紧张的情绪大多是由过度地追求完美所致。情绪恶劣、过度的紧张、疲劳，不仅会诱发疾病，损害健康，有时甚至还能夺去人的生命。美国

的《今日心理学》说完美主义是一种流行病。事实上正是如此，越来越快的社会节奏让人更加精益求精，而过度的完美主义却往往会弄巧成拙，让人产生焦虑、沮丧之情，却又无法登上成功之巅。

过度地追求完美的人往往给自己定下高不可攀的标准，一旦没有达到这个标准，就会收获无情的挫折。他们这样做不仅打击他们的积极性，还有可能让他们沉浸在失败前的担惊受怕和失败后的悲观丧气之中。

过度追求完美的人常常因担心自己出错而不停地检查自己的行为，有些人还可能演变成对自己行为的怀疑、不确定感，从而重复无意义的动作，反复地检查。这些都是强迫症和广泛性焦虑的重要症状。

为了摆脱追求完美的桎梏，我们应采取下面的方法。一是正确地评估自己，既不过高地估计自己的能力，也不过于自卑。二是重新认识"失败"和"瑕疵"，一次乃至多次失败都不能证明自己价值的大小。三是为自己建立一个短期目标，然后尽力实现它。总之，我们要牢记："人可以完善自己，但不能让自己完美。"

需要指出的是，因追求完美而产生的不良生活方式而导致的疾病，其危险程度远远超过传染病。因为它隐蔽性强，不易被人发觉。因此，养成良好的生活习惯和健康的生活方式，不但可防患生活方式疾病，降低其发病率和死亡率，还可以提高生活品质，使生活更美好。

2. 按照作息规律生活

有规律地生活，就是按照作息的基本规律来安排日常的生活、工作和学习。它既是一种良好的习惯，也是一种对待生活的正确态度，它可以由人的主观意愿选择，并随着环境与时间的改变而不断变化着。

所谓作息的基本规律，可简单概括为两句话，一句是效法自然，一句是合乎自身。

第九章 要选择健康的生活方式

效法自然，就是要做到天人合一，根据自然界的变化来调整自身的作息。老子说："人法地，地法天，天法道，道法自然。"它是这一思想的直接来源。

人本身就是天地万物的一分子，人的生命也有赖于天地所赋予的物质条件才得以存在，因此人与天地是相通应的。《黄帝内经》说，"人与天地相参也，与日月相应也"，"天地之间，六合之内，其气九州九窍、五脏、十二节、皆通乎天气"。即人与天地自然是息息相关的，都是按照阴阳五行规律运动和变化的，这是《黄帝内经》"天人相应"的整体观。这种观念反映在养生方面，就要求人们取法自然，根据自然界阴阳消长及寒暑变化来调整自身阴阳，使肌体与天地自然相通应而保持健康。

对于一日之内的作息，《黄帝内经》作了如下描述："故阳气者，一日而主外，平旦人气生，日中而阳气隆，日夕而阳气已虚，气门乃闭。是故暮而收拒，无扰筋骨，无见雾露，反次三时，形乃困薄。"也就是说，人体中的阳气与自然界中的阳气一样，白天运行于体外，保卫肌体。早上时阳气初生，到中午阳气隆盛，而日落西山时阳气虚衰，人体的汗孔也随之关闭。人体的活动也应该顺应阳气变化的这一规律，在白天阳气旺盛之时工作，在傍晚阳气逐渐收敛时就应该减少活动，不要扰动筋骨，不要触犯雾露。如果违反了阳气盛衰的规律，就会导致身体憔悴衰弱。

对于如何根据四季阴阳变化来安排作息，《黄帝内经》也作了精彩的论述。它认为春天是万物复苏的季节，人应该晚睡早起，起床后到庭院里散散步，使形体舒缓、精神舒畅，以顺应"春生"之道；夏天是万物繁茂的季节，人应该晚睡早起，不要厌恶白天，少动怒气，保持肌腠宣通，适当地进行户外活动，以顺应"夏长"之道；秋天是收容平定的季节，人应该早睡早起，保持心情平静，敛养自己的精神情志，使肺气通利调畅，以顺应"秋收"之道；冬天是万物闭藏的季节，人应早睡晚起，不要扰动体内的阳气，要保持情绪内敛，注意防寒保暖，不要使皮肤开泄，以顺

应"冬藏"之道。

总之,如能够很好地顺应自然变化的规律来养生,可使人体正气充足,肌体康健;如果经常违反自然规律,就可能导致人体阴阳气血失调,变生各种疾病,从而折损寿命。

所谓合乎自身,简言之,就是根据自身情况进行调节,不能过劳、过逸。作息要合乎自身规律,应该是在效法自然的基础上进行的。人的年龄有长幼之分,体质有强弱之别,比如,有人睡六个小时就已足够,有人却睡八个小时还不解乏;同样的工作量,有的人可以轻松地完成,而有的人却感觉非常吃力,甚至根本无法完成。因此,必须根据自身情况来安排自己的作息,不要盲目地追求和别人一样。在感觉疲倦时,就要注意休息,在感觉困乏时,就要注意睡觉。这是根据自身调节作息的最基本的原则。

要遵循作息基本规律,有必要了解人体脏腑的"值班"时间。

人体有与脏腑相对应的十二条经络,一天也有十二个时辰,它们之间有着一一对应的关系。人体的气血是在十二经络中依次流动的。在某一特定时辰,人体的气血就会流经某一经络,该经络所属脏腑的功能就比较旺盛。这一时辰就是该脏腑的"值班"时间。

人体各脏腑的值班时间如下。

子时:即23～1点,是胆的值班时间。此时胆进行排毒工作,且这一时辰阴阳交接,宜在熟睡中进行。

丑时:即1～3点,是肝的值班时间。肝经于此时排毒,宜熟睡。

寅时:即3～5点,是肺的值班时间。在这个时候肺有问题的人咳嗽会较厉害。

卯时:即5～7点,是大肠值班时间。大肠此时要排废弃物,因此晨起之后宜排便。

辰时:即7～9点,是胃的值班时间。宜进食。

巳时:即9～11点,是脾的值班时间。脾主运化,此时消化功能较强,为人体提供充足的能量，所以工作效率很高。

午时：即 11~13 点，是心的值班时间。午时也是阴阳交接的时刻，宜午休。

未时：即 13~15 点，是小肠值班时间。最好在这一时辰之前吃完午餐。

申时：即 15~17 点，是膀胱值班时间。这段时间要多喝水，并适当地运动，以助膀胱排除体内的废物。

酉时：即 17~19 点，是肾的值班时间。肾为封藏之本，故此时宜减少户外活动，回到室内。

戌时：即 19~21 点，是心包值班时间。心包是心的屏障，可代心受邪。此时心包排除邪气，宜休息。

亥时：即 21~23 点，是三焦值班时间。三焦与胆、胃、大肠、小肠、膀胱并列，为六腑之一。三焦可疏通水道，运行水液。因此，亥时宜休息，以利于水道的通利。

要想身体好，最好能参考脏腑的"值班"时间来安排自己的作息。

3.除掉不良的嗜好和习惯

要想选择健康的生活方式，就必须除掉不良的嗜好和习惯。

（1）不要吸烟

烟民往往都有烟瘾，这主要是尼古丁长期作用的结果。尼古丁就像其他麻醉剂一样，刚开始吸食时并不适应，会引起胸闷、恶心、头晕等不适；吸烟时间久了，血液中的尼古丁达到一定的浓度，反复地刺激大脑，并使各器官产生对尼古丁的依赖性，此时烟瘾就缠身了。停止吸烟，暂时会出现烦躁、失眠、厌食等所谓的"戒断症状"，加上很多吸烟者对烟草产生一种心理上的依赖，认为吸烟可以提神、解闷、消除疲劳等，所以

烟瘾越来越大，欲罢不能。另外，二手烟还严重地危害他人的健康。

戒烟从现在开始，完全戒烟或逐渐减少吸烟次数的方法，通常三四个月就可以成功。方法是扔掉吸烟用具，诸如打火机、烟灰缸、香烟，减少人的"条件反射"。要坚决拒绝香烟的引诱，经常提醒自己，再吸一支烟就足以令戒烟的行动前功尽弃。要避免参与往常习惯的吸烟活动。餐后喝水、吃水果或散步，摆脱"饭后一支烟"的想法。当烟瘾来时，要立即做深呼吸活动，或咀嚼无糖分的口香糖，避免用零食代替香烟，否则会引起血糖升高、身体过胖。告诉别人你已经戒烟，不要给你烟卷，也不要在你面前吸烟。写下你认可的戒烟理由，比如，为了自己的健康、为家人着想、为省钱，等等，随身携带，当你犯烟瘾时拿出来告诫自己。制订一个戒烟计划，每天减少自己吸烟的数量。安排一些体育活动，如游泳、跑步、钓鱼等，一方面缓解精神紧张和压力，另一方面避免花较多的心思在吸烟上。当你有想吸烟的冲动时，可以用喝水来控制。事实证明，水是戒烟的妙药，当你感到想吸烟时，就先慢慢地喝上一杯水。若单独使用行为疗法难以促成戒烟，尼古丁替代法或非尼古丁药物疗法，常会帮助吸烟者戒烟成功。尼古丁替代疗法即用含有微量尼古丁的产品，如口香糖、鼻腔喷雾剂或贴在皮肤上的膏药等，帮助戒烟者缓解戒烟过程中易怒、失眠、焦虑等剧烈症状。当你真的觉得戒烟很困难时，可以找专业医生咨询一下，寻求帮助，取得家人和朋友的支持，对于成功戒烟也至关重要。

（2）不要过量饮酒

过量饮酒危害健康，已是不争的事实。但"少量饮酒有益健康"的观点却越来越得到很多人的认同，同时，国内外许多研究者也正在努力寻找各种证据来支持这个观点。然而，《自然》杂志的一篇报告却明确地宣称，"即使少量饮酒，也损害健康"。究竟孰是孰非？这酒该不该喝？你可要做到心中有数了。

（3）坚决戒掉吸食毒品

吸毒是中国的习惯讲法，多用在社会、法学等领域。在医学上多称药物依赖和药物滥用。国际上通用术语则是麻醉品的滥用或药物滥用。吸毒不仅危害身心，而且危害社会，必须彻底戒除！

（4）戒掉赌博

赌博有害于一个人的身心健康。赌博本身是一种强烈的刺激，长期进行赌博，可使中枢神经系统长期处于高度紧张的状态，容易引起激素分泌增加、血管收缩、血压升高、心跳和呼吸加快等，会增加心血管疾病的发病率，还会患消化性溃疡和紧张性头痛。

（5）不要起床先叠被

人体本身也是一个污染源。在一夜的睡眠中，人体的皮肤会排出大量的水蒸气，使被子不同程度地受潮。人的呼吸和分布全身的毛孔所排出的化学物质有145种，从汗液中蒸发的化学物质有151种。被子吸收或吸附水分和气体，如不让其散发出去，早晨起床就立即叠被，易使被子受潮并受化学物质污染。

（6）改掉不吃早餐的坏习惯

不吃早餐的人则通常饮食无规律，容易感到疲倦，头晕无力，天长日久，就会造成营养不良、贫血、抵抗力降低，并会产生胰、胆结石。

（7）不要饭后即睡

饭后即睡，会使大脑的血液流向胃部，由于血压降低，大脑的供氧量

也随之减少,造成饭后极度疲倦,易引起心口灼热及消化不良,还会发胖。如果一个人原已有血液供应不足的情况,饭后倒下便睡,这种静止不动的状态极易招致中风。

4.睡眠不足危害多

人们并未把缺乏睡眠和休息不足视为一种危险,在激烈的社会竞争中忽视休息。疲乏的潜在危险性受到低估,是由于疲乏一般不是引起事故的直接原因,它会降低人的行为能力并导致伤害的危险性增加。在疲乏产生的过程中,人的警觉性时好时坏,头悬梁、锥刺股的刺激只能使警觉度的下降得到短暂的停止,常给人一种可以控制疲乏的假象,使人们认识不到自己的行为能力已经降低的事实。睡眠不足潜伏在黑暗之中,游荡在全球的每个角落,在灾难中显现。

(1)睡眠不足引发特大事故

在世界范围内,因睡眠不足引发的特大事故触目惊心,这里列举"挑战者号"航天飞机爆炸、切尔诺贝利核电站爆炸、"埃克森·瓦尔迪兹号"超级油轮触礁三个特大事故,旨在提醒人们对睡眠予以高度的重视。

1986年1月28日,人类宇宙开发史上最悲壮的一幕在美国发生了——"挑战者号"航天飞机升空不到70秒钟就爆炸了。谁也没想到,发生这起悲剧居然与相关人员缺乏足够的睡眠产生疲劳有关。

当时,由于发射时间拖延,大家迫不及待。凌晨3点左右,有关的技术人员仅仅睡了两三个小时后就匆忙起床。接着,"挑战者号"航天飞机升空。不到70秒钟,航天飞机就在数以万计的现场观众和无数的电视观众面前爆炸了。有关方面经过长时间的详细调查认为：这起事故是由于睡眠时间仅两三个小时的技术人员"走捷径"，从而犯下了致命的判断错误所引起的。

1986年4月26日，苏联切尔诺贝利核电站发生了可怕的泄漏事故，导致数百人死伤，给环境造成了巨大的污染和破坏。

这个可怕的事故是如何发生的呢？联合国原子辐射效应科学委员会等权威机构的报告认为：切尔诺贝利核电站事故发生的直接原因，是由于夜班操作工人连续值班近13个小时，睡眠不足，极度疲劳，导致一连串判断失误和操作失误而引起的。

1989年3月24日晚上9时，"埃克森·瓦尔迪兹号"超级油轮满载原油从阿拉斯加起航。"埃克森·瓦尔迪兹号"下水才三年，配备有各种现代导航设备，船长很熟悉阿拉斯加水域。可是起航后仅三个小时，油轮突然触礁。于是，油轮的5000万升原油漏出，漏出的油覆盖海面达1300平方公里，并冲上了1300多公里长的海岸。由于行动迟缓、地点偏僻以及地面冻结等原因，清除漏油的工作受阻。

在事故发生后几天内，在该区域内有3万只海鸟以及海豹、其他哺乳动物和无数的鱼惨死。环境污染破坏了成千上万只候鸟一年两次来阿拉斯加觅食的这块土地。损失评估认为，泄漏造成的环境损失高达上亿美元。

调查发现，当时船长在船舱睡觉，二副已经连续工作了很长时间，正要被三副换下来。此时的三副也已经工作很长时间了。有关方面总结事故的原因为：船员疲劳作业，作息时间安排欠妥。

2004年1月28日，阿拉斯加州联邦法官作出判决，判定埃

克森石油集团要为1989年的"埃克森·瓦尔迪兹号"油轮泄漏事故交出巨额罚款。埃克森集团则表示对该裁决进行上诉。该油轮发生事故的原因值得我们深思和警惕。

(2) 睡眠不足是交通肇事的凶手

睡眠不足给日常生活和工作带来的威胁是十分可怕的。美国睡眠障碍研究所于20世纪90年代做的一项调查表明,在美国,一年因睡眠障碍造成的经济损失达430亿～560亿美元。大量的调查表明,40%左右的意外事故是由责任人打瞌睡引起的。美国著名学者威利安姆·德曼顿警告说:"在工作或外出时瞌睡,就像喝醉酒时工作或外出一样,应该受到谴责。因为这类似一种犯罪行为。"

专家调查表明,如果以每小时100公里的速度开车,5秒钟的瞌睡就足以致命。调查者为了分析因驾驶员瞌睡而引起意外事故的"高危"时间,核查过警察当局的计算机。核查显示,多数意外事故发生在凌晨3点～6点。这一点儿也不奇怪,因为这个时段人最容易打瞌睡。

据德国保险协会的调查显示,约1/4的交通事故是在司机打瞌睡时发生的,另有14%的车祸是由于司机注意力不集中引起的。德国交通专家对此深感不安。德国交通俱乐部通讯部负责人称,疲劳驾驶几乎和酗酒、吸毒一样危险。

澳大利亚新南威尔士大学曾经对39名年龄介于30～40岁的对象进行了研究,比较他们的睡眠时间和酒精对人类生理和心理上的影响。经研究发现,缺乏睡眠对人的反应、判断的准确程度,协调能力和集中力等都构成影响。18小时没睡觉的人,其行为反应与血液中酒精含量为50毫克的人一样,甚至更差。连续16小时以上没睡觉的人,其疲劳的状态会削弱日常安全意识。在研究中还发现,很多需要轮班或在夜间工作的人,其睡眠时间通常只有5～7小时。在现实生活中,不少司机驾车肇事并不是酒后驾驶发生的，而是由于过度疲劳引起的。

目前，各国的交通警察们可以通过酒精检测仪器和车速检测仪器监测驾驶员。如果有了能检测汽车司机是否缺乏睡眠的仪器，一定会更加有效地减少交通事故。

心理学家威松说，各国应该考虑制定疲劳标准，确保18小时以上没睡觉的人不能进行具有危险性的工作，比如，驾驶汽车、驾驶飞机或操作机器等。目前，已有许多西方国家将睡眠检测列为专业驾驶员的体检项目，不合格者被暂时吊扣驾驶执照。

各国汽车生产企业也正在加紧研制先进的提醒装置，把"能提醒司机不要疲劳驾驶"作为争夺汽车市场的卖点。当司机出现过度疲劳的时候，提醒装置能及时提醒司机集中注意力。德国宝马汽车制造公司目前正在测试一种自动报警装置，该装置可降低司机在驾驶途中"进入梦乡"的风险。该公司宣布，这种报警装置的设计原理是，通过一台摄像机对司机的眼睑活动情况进行检测，并将数据汇总后传递到装置内，以确定司机在驾驶中的清醒程度，继而适时地发出警报信号。有不少人在开车困倦时用喝饮料来提神，这并不能解决根本问题。预防恶性交通事故的最好办法还是要保证充足的睡眠。

（3）睡眠呼吸暂停综合征是黑夜中的杀手

睡眠呼吸暂停综合征被称为"黑暗中的杀手"。美国睡眠协会的调查显示，美国每年45%的车祸以及55%的工伤事故都是由于睡眠疾病造成的。其中，睡眠呼吸暂停综合征导致的嗜睡，由此造成的工伤事故的经济损失高达640亿美元。同时它也是导致每年20万～40万起交通事故的罪魁祸首，其中一半交通事故是致死性的。睡眠呼吸暂停综合征不仅造成严重的社会问题，对于患者的危害也同样是可怕的。

睡眠呼吸暂停综合征最直接的后果是：患者白天嗜睡，反应迟钝，判

断能力差，工作能力和学习效率下降，难以正常地工作，尤其是他们的车祸发生率是正常人的7倍。

近年来，对睡眠呼吸暂停综合征的研究有了三个重要的发现：一是能够诱发高血压，导致冠心病；二是会使儿童猝死以及对精神、脑血管等造成损害；三是会导致脑血管疾病、精神异常、肺心病、呼吸衰竭、糖尿病、免疫力减退等一系列的并发症。同时，未经治疗的睡眠呼吸暂停综合征患者5年内死亡率高达10%以上，每小时呼吸暂停超过20次的患者8年内死亡率高达37%，睡眠呼吸紊乱次数超过每小时40次的重症患者平均年龄只有45岁。

5.树立科学的睡眠观

当今的社会是一个全民养生的社会，各种各样的养生信息都向人们传递这样一个观点：不要因为拼命地工作而忽视了自己的身体，否则后悔就晚了。然而，当人们全盘接受专家提出的养生建议时，却忘记了一个最根本的事情——睡觉。

清代学者李渔在《闲情偶寄》中写道："养成之诀，当以睡眠居先。睡能还精，睡能养气，睡能健脾益胃，睡能坚骨强筋。"老百姓也常说："药补不如食补，食补不如睡补。"其实这些都是一个道理。

生活中，一些人在睡眠的认知上存在一些错误的观点，在下面一一列举出来，并且强调一些正确的观点。

有的人认为："人在睡觉时，大脑在休息。"

这是错误的观点。因为人在睡着以后，身体处于休息状态，而大脑却没有休息。大脑在睡眠过程中依然十分活跃，尤其是右脑。大脑在为第二天的觉醒和调整到最佳状态做准备工作。

有的人认为:"即使睡眠充足,无聊仍然会引起人的睡意。"

这也是错误的观点。因为人处于活跃兴奋的状态时不会有睡意,如果一旦平静下来,或者感觉有些无聊时就会有困倦感有睡意,还是因为睡眠不足。无聊并不能引起睡意,只是让睡意变得明显罢了。所以,引起睡意的根本原因是睡眠不足,无聊充其量只能算是一根导火线。

有的人认为:"如果打鼾不会影响别人,又不会闹醒自己的话,那么就没有什么害处了。"

这更是一个错误的观点。因为打鼾表明人存在着威胁健康的睡眠障碍,这在医学上被称为"睡眠窒息"。有这种情况的人打鼾声音高,在夜间会频繁地发作,并伴有喘息式呼吸,以至于很容易惊醒。这就必然会造成人在白天会总觉得疲倦,容易犯困。打鼾还会增高心脏疾病和意外事件的发生率。更值得重视的是,打鼾还可能是人体其他疾病的征兆。事实上,打鼾是可以通过治疗获得改善的。如果你有打鼾的情况,不要过分地担心,应该去正规的专科医院接受治疗。

有的人认为:"年龄越大的人,所需要的睡眠时间就会越少。"

这个观点完全是没有科学依据的。因为,睡眠的需要量在成年人阶段变化并不大。老年人睡眠的需要量和他们年轻时相比并没有减少,只不过是在夜间睡得少,白天相应地会睡得多一些而已。虽然老年人出现睡眠困难是很常见的问题,但年龄绝对不是主要原因。老年朋友如果因不良的睡眠习惯或健康问题导致睡眠困难,引发了睡眠障碍,最好尽快地去正规的医院向专科医生进行咨询并接受治疗。

一些驾驶员认为:"开车时,开大音响的音量有助于保持清醒。"

这个观点绝对是个谬论。如果人在开车途中感觉无法保持头脑清醒,最可靠的解决办法就是在安全的地方把车停下来,小憩一会儿,或者喝点儿咖啡等能兴奋神经的饮料。当然,最有效、最根本的解决之道还是充分地休息,之后再出发。开大音响的音量不仅不会让人的头脑清醒过来,

反而可能引起烦躁情绪，增大驾驶的安全隐患。

很多人认为："睡眠障碍主要是因为忧虑和心理障碍等因素。"

这个观点貌似有道理，其实是错误的。因为引发睡眠障碍的因素包括很多种类，例如疾病、遗传等，而忧虑和心理障碍仅仅只是其中之一。

有些人认为："失眠可以不治而愈。"

这一个错误的观点正说明了有些人忽视失眠的问题。虽然失眠是人们生活中一个普遍存在的问题，但是不能因为它的普遍性就不加以重视。如果对失眠不加以注意，睡眠障碍肯定是不会自行消失的，只会越来越影响睡眠的品质，进而降低生活的质量损害健康。

以上种种观点是否也正是你所认为的呢？如果是，那么从现在起，请抛开这些对睡眠错误的观点。因为只有正确地了解了睡眠，你才能正确地去睡觉，也才能通过睡眠来保养自己。

现在是该树立科学的睡眠观的时候了。下面就要告诉你几点科学的睡眠知识。

（1）保证睡眠时间

如果实际睡眠时间低于人体睡眠需要量的一至两个小时，那么，人在第二天的行动就会受到一定影响。睡眠是基本的生理需要，大多数成年人每天需要保证8个小时的睡眠时间，才能保持精力充沛，如果睡眠不足，那么第二天的状态肯定要受到影响。

医学认为，每天睡眠时间减少一两个小时属于轻度睡眠剥夺，减少三四个小时属于重度睡眠剥夺。如果一个人18个小时没有入睡，他的行为反应时间将会变长。普通人将开始体验阵发性昏睡，不管在任何地方，大约持续3～20秒，之后你会发现需要重新读一遍刚才读过的东西。你的眼皮变得越来越重。到了20个小时时，你将开始打盹儿。

古人有言："不觅仙方觅睡方。睡足而起,神清气爽,真不啻无际真人。"

这种充足睡眠给人带来的快乐确实万金难买。"食补不如药补，药补不如觉补"，说到底，睡眠才是最好的补药！一个人假若睡眠不足，或睡眠质量不好，往往会精神委靡不振、注意力涣散、头痛、眩晕、肌肉酸痛，甚感疲劳。一个人如果长期缺乏睡眠，处于过度劳倦的状态中，机体就会产生耗气伤血的病理变化，损及五脏。心劳则血损，肝劳则神损，脾劳则食损，肺劳则气损，肾劳则精损，就为许多疾病埋下祸根。

这里告诉大家一个计算自己的实际睡眠需要量的办法，就是在睡觉前不要设闹钟，然后睡到自然醒。这就是你的实际睡眠需要量了。

（2）闭目养神不叫睡眠

坐着或者躺在床上闭目养神并不能满足睡眠的需要。如果一个人睡眠不足，也就是人没有睡够，那么他的身体就在累积着"睡眠债"，并且迟早要在健康方面付出代价。所以，不能以闭目养神来代替真正的睡眠。

（3）对睡眠信号保持足够的警觉

大多数人无法明确地说出什么时候会犯困。有相关研究人员就这个问题询问过成千上万的人，得到的答复都是"否"。所以在开车时，如果你感到疲倦，即使距离目的地只有几公里，也不要认为自己绝对可以撑过去。此时最安全的办法就是在安全地带停下车来，让自己休息一下，最好再使用一些提神醒脑的物品，比如，喝咖啡、涂清凉油、闻薄荷等，然后再继续驾驶。

（4）最好不要加夜班

人体不可能完全适应夜班工作。所有有机体都有生理周期，或称为"24小时节律"。这影响到人体的睡眠和觉醒的更替。人体在穿越时区的时候，就要根据昼夜更替的变化调节自己的生理节律。上夜班，客观的昼夜更

替并没有改变，人体自身的生理节律也不能调节。所以，即使是一个习惯上夜班的人，其机体也不可能完全适应晚上不睡觉的生活。

中医认为，人的体表有气运行，像人体外围的卫士，名卫气。卫气是固摄阳气的，它在人体体表不断地运化行走。白天卫气行在人体的阳分里，晚上则行到阴分里，就是行于阴经。阳气只要一入阴经，人就想睡觉。卫气在阴经中行走完，出离阴经的一瞬间，人就会醒来。因此，正常人应该是白天特别精神，晚上困倦，这叫"营卫之行不失其常"。等到人老了，气血衰弱，肌肉枯槁，气道干涩，元气不足，白天就不够精神，昏昏欲睡，到了晚上精气不足，又睡不着。人睡眠的好坏直接关系到寿命的长短。睡眠是阴，我们要用夜晚的阴来养白天的阳，养白天的精、气、神。

在现实生活中，尽管很少有人会主动"经久不眠"，但相当多的人却在自觉不自觉之间，日复一日地加班加点，或上网、玩游戏、看电视、看书，或忙于人际应酬，剥夺了正常的睡眠时间，导致睡眠不足。要知道，长期睡眠不足与经久不眠，是"五十步"与"一百步"的关系，对健康的损害只是程度不同罢了。因此，我们一定要树立正确的睡眠观，在观念上重视睡眠这剂"补药"，善待身体，善待生命。

6.关于睡眠的金科玉律

现如今，睡眠的问题越来越受大家关注了。有关调查显示，近七成人每天平均睡眠时间不足7小时，能够保证8小时睡眠的职场人士仅为三成。调查者进一步探索原因后发现，很多人睡眠不足的原因主要有参加聚会，出席各种夜生活场合，看球赛，加班，甚至还有人半夜起来去网上的"开心农场"偷菜。

中国有句古话，"一日不睡，十日不醒"。就是说，如果一个人晚上没有好好休息，用10个晚上都难以把睡眠补回来。经常睡眠不足，会使人体生物钟的正常运行功能失调，免疫力下降，导致一些疾病发生，如神经衰弱、感冒、胃肠疾病等。尤其对于青少年，睡眠不足会直接影响其正常生长发育。青少年要想发育好，长得高，睡眠必须要充足。因此，建立科学的生活方式是健康睡眠的基石。

睡眠或觉醒是正常的生理过程，它不是人为能完全自主控制的活动，而是一个被动的过程。它不像人体某些活动可以被人的意志左右，说来就来，要止则止。失眠的人常常因为难以诱导自己进入睡眠而苦恼。其实早期的轻度失眠，经过自我调理的办法就常可以治愈，其具体方法如下。

（1）身心松弛，有益睡眠

出现失眠不必过分担心，越是紧张，越是强行入睡，结果越是适得其反。有些人对连续多天出现失眠更是紧张不安，认为这样下去大脑得不到休息，不是减寿也会生病。这种担心所致的过分焦虑，对睡眠本身及其健康的危害更大。

睡前到户外散步一会儿，放松一下精神，上床前或洗个沐浴，或用热水泡脚，然后就寝，对顺利入眠有百利而无一害。有许多具体的方法可以诱导人体进入睡眠状态，比如，聆听平淡而有节律的音响，听火车运行声、蟋蟀叫、滴水声以及春雨淅沥淅沥声音的CD，或听催眠音乐，有助于睡眠，还可以此建立诱导睡眠的条件反射。

此外，再介绍几种简单易行之法。一是闭目入静法。上床之后，先合上双眼，然后把眼睛微微张开一条缝，保持与外界有些接触，虽然精神活动仍在运行，然而交感神经活动的张力已大大下降，诱导人体渐渐进入睡意蒙眬的状态。二是鸣天鼓法。上床后，仰卧闭目，左掌掩左耳，右掌掩右耳，用指头弹击后脑勺，使之听到"呼呼"的响声。弹击的次数到自觉微累为止。停止弹击后，头慢慢地靠近睡枕，两后将手自然安放于身之两侧，便会很快地入睡。三是饮热牛奶法。睡前饮一杯加糖的

热牛奶。据研究表明，这能增加人体胰岛素的分泌，营养脑细胞，促使人脑分泌睡眠的血清素。同时，牛奶中含有微量吗啡式物质，具有镇定安神作用，从而促使人体安稳入睡。

（2）创造合适的睡眠环境

睡觉时要关窗，不能开风扇、不能开空调，否则，人会生病。因为人在睡眠之中气血流通缓慢，体温下降，人体会在表面形成一种阳气层，这种阳气层俗语叫"鬼魅不侵"。这是什么意思呢？就是说阳气足的人，阳气占了上风，不做噩梦。开空调、电扇，情况就不一样了。如果开窗户，窗户走的是风，风入的是筋；如果开空调、电扇，也有风，风入筋，寒入骨。早上起来后，就会发现身上发黄，脸发黄，脖子后面那条筋发硬，骨节酸痛，甚至有人会发烧，这就是风和寒侵入到了筋和骨头里的缘故，也就是"气"受伤了。

要想有好的睡眠，睡前在新鲜的空气里散散步或做些轻微的活动，从而使思想宁静、全身清爽，尽量做到睡前不要吃得太饱，不要从事剧烈的运动或看惊险小说，安心入睡。此外，床、被子、枕头都要适合自己的习惯。这些也是保证睡眠高质量的重要因素。

（3）睡姿上怎么舒服就怎么睡

睡眠姿势当然以舒适为宜，可因人而异。睡眠大多以侧卧为佳。养生家曹慈山在《睡诀》中指出："左侧卧屈左足，屈左臂，以手上承头，伸右足，以右手置于右股间。右侧卧位反是。"这种睡眠姿势有利于全身放松，睡得安稳。

其实，任何一种睡姿都有优点和缺点，比如，心脏因为保护在胸廓之中，所以左侧卧位并不会受到很大的压迫。据国外医学调查统计发现，习惯左侧卧位的人群，患心脏疾病的发病率比习惯右侧卧位的人群要低。医生解释说，这是因为轻度压迫使心脏功能受到锻炼，更不易患病。而仰卧姿势可使脊椎保持自然的生理弯曲，并可避免侧弯，减少脊椎病变发生。被认为最不好的俯卧姿势，这恰恰是地球上那些趴在地上睡觉的动物所采取的共同睡姿。在动物中，只有人类是肚皮朝天睡的。由此可见，俯卧位对呼吸系统的压迫并不像人们想象中的那么厉害，而俯卧肯定会使肚子着凉的机会大大地减少。而被许多人所推崇的右侧卧位，虽然说是睡如弓，其实也并非十全十美。因为它既可能使脊椎失去自然的生理弯曲，使腰背肌肉处于过度牵拉的状态，不利于放松休息，又会使脊椎产生侧向弯曲，长期固定于这种姿势就可能引起脊椎病变。同时，右侧卧位还会使位于右上腹的重要脏器受压，影响血流。

如此看来，睡姿并没有绝对的好坏。除了身患疾病，不宜于某种睡姿的人以外，一般人尽可放心地顺其自然去睡，不必刻意追求某种姿势，只要能使身体关节、肌肉放松就行。一句话，怎么舒服就怎么睡！

（4）尊重你的生活规律

有的人适合早睡早起，有的人适合晚睡晚起。大多数人是晚上10点钟左右上床，早上6点钟左右醒来。如果过早或过晚上床、起床，就会打乱人体生物钟的规律，影响睡眠质量。因此，应根据自己的生物节律"低潮时间"抓紧休息，非万不得已，不要"破例"。

需要注意的是，睡眠既不能多睡，也不可少睡，多睡少睡都会使人无精打采，只有适可而止，才能真正达到消除疲劳、养精蓄锐、节省时间的目的。此外，睡午觉也不可忽视，尤其是在夏日。午间稍休息一会儿能恢复人的精力。但午睡时间不宜过长，以不超过1小时为宜，否则人一旦进入更深的睡眠状态，打乱自身的生物钟，晚上将会难以按时入睡。

采用上述诸法，就能使大脑皮质受到抑制而易于进入睡眠状态，有一个高质量的睡眠。

7. 不要过"速食生活"

人们越来越忙,渐渐地将吃饭变成只是为了填饱肚子。快餐店里,服务员来去匆匆,食客吃也匆匆,去也匆匆,一人一个汉堡,食不知味。为何全世界的食物口味会一体化?为何我们的生活要变得这么快?这都是快节奏生活的产物。人们总是难以抵挡速食文化的诱惑,因为那确实太方便了,它可以在最短的时间内满足人们的需求。有人说快节奏的生活,从速食开始。如今,除了肯德基、麦当劳等洋快餐,速食家族越来越壮大,什么米粉、水饺、汤圆、芝麻糊,甚至粥、绿豆汤全都是即开即食、即开即饮了。曾经占用人类主要精力的"吃",现在已经被简化到了难以置信的程度。

人们的"速食生活"主要体现在以下几个方面。

(1) 快速吃饭

"速食生活"的典型表现就是人们吃饭的速度变得越来越快,对人们来说,细嚼慢咽简直就是一种奢侈。研究表明,人们吃饭每餐以30分钟为宜,这种吃饭速度可使食管正常蠕动,充分消化食物。如果每餐吃饭速度较快,食物就得不到充分咀嚼,人体无法充分吸收食物的营养。长期下去,人体有可能营养失衡,食管、胃等消化器官也易发生病变。

(2) 睡眠时间越来越少

养生专家一直告诫人们,良好的睡眠才能保障健康。然而现在越来越多的人却认为"睡觉是浪费时间",加班、娱乐挤走了他们的睡眠时间。很多人上班要工作,下班后身体、脑子也闲不下来——要应酬,要思考,要把上班时因琐事耽误的工作赶出来……于是,睡得越来越晚,睡得越来越少，身体在不知不觉中也慢慢地熬垮了。

（3）行走速度越来越快

越来越快的行走速度是"速食生活"的显著特征之一。比如，在经济发达的日本，人们行走的速度非常快，有时甚至一路小跑。

（4）消费多用银行账号、信用卡支付

速食一族的特征包括喜欢使用银行账号、信用卡。用信用卡远途汇款，收款人几分钟就可收到。用信用卡发工资，可省去好多签字、填表格的时间。用信用卡消费，感觉钱永远都花不完。人们为了偿还信用卡的钱，往往逼迫自己快速赚钱，于是加班、兼职成为人们的家常便饭，人们越来越忙，身体的健康状况却越来越差。

（5）读书看报只看简介和标题

如今，看书的人越来越少，大家都改成"在线阅读"了。速食一族的阅读方式通常是这样的：看报纸只看标题，看杂志只看图片，看小说只翻内容简介，只有当他们目标明确地想要学点儿什么的时候，才会翻开书本或打开计算机，控制眼睛不要一目十行。

（6）习惯用电子手段沟通

你和朋友通电话、E-mail 的次数是否超过见面的次数？即便同在一个城市，你们是否也习惯用手机和因特网的方式保持沟通？彼此见面的次数越来越少，书信更是逐渐地淡出了人们的视野，电子聊天成了人们竞相热捧的人际沟通手段。

在这种"速食生活"中，每个人的头脑中都紧绷着一根弦，不停地向前奔跑，不停地你追我赶。在马不停蹄的奋斗中，人们的身体素质却变

得越来越差。因此，国内外很多专家已经不止一次地向人们呐喊：不要再过"速食生活"了，要学会过真正的"生活"！这种真正的生活才是人们健康长寿的关键。

人的健康不是简单的身体强壮。健康是动态的、变化着的、阶段性的、有因果关系的、影响因素众多的、相对的、结构复杂的综合问题。健康专家认为，一个人的健康是掌握科学的饮食和锻炼方法，具有并保持生理和心理平衡的调节能力，尊重和爱护生活环境，热心于促进人类社会文明和进步的一种良好状态。这种良好状态，只有在生活中坚持"生活"哲学才能保证。

转变"速食生活"的观念，逐渐改善不规律的生活习惯，适当地放慢自己奔跑的脚步，让生活节奏缓慢下来，是健康生活方式必需的！

8.饭吃八分饱有益于健康

关于饮食的学问，王国维说："起居之不时，饮食之无节，侈于嗜欲，而吝于运动，此数者，致病之大源也。""生活"是一门学问，怎样生活是一种豁达的人生哲学，在饮食上只有坚持给自己留点儿余地，身体才会健康，人生才会圆满。

营养是人类赖以生存的基本元素，为了维持生命，人们必须每天摄入一定量的营养元素，如蛋白质、脂肪、糖、维生素、无机盐等。然而，对任何营养的摄入既不能太多，也不能太少。古人常说，"饭吃八分饱，少病无烦恼"，就是这个道理。医学专家曾做过这样的试验：将同年龄的小白鼠分成两组，一组饱食终日，其寿命为1年，一组每顿只喂七八成饱，寿命为2年。人们节制饮食，每顿只吃八成饱，可延年益寿，少患疾病。

关于这一点，古人早有研究。我国的古代医书《黄帝内经》就大力倡导"饮食有节"。言简意赅地揭示了食量与健康的关系。当然，饭吃八分饱这个"度"一定要把握好，因为太少不能满足身体所需，太多又可能损害身体健康，勒紧裤腰带和吃撑了还继续吃的做法都是无益的。

（1）饭吃八分饱有益于大脑健康

饭只吃八分饱的最大"受益者"非大脑莫属。如果人们每顿饭都吃十分饱，可能引起大脑反应迟钝，加速大脑衰老。人们吃饱后，往往会陷入一种昏昏欲睡的状态。这是由于饱餐后，人体内的血液都流到胃肠系统帮助消化，导致大脑缺血。科学研究显示，如果人吃得太饱，一种名为"纤维芽细胞生长因子"的物质会在大脑中迅速地生长，这种物质可引起脑动脉硬化。如果人们长期每餐饱食，"纤维芽细胞生长因子"就会在大脑中不断地积存、增多，当它达到一定量时，大脑动脉便会发生硬化。脑动脉硬化是老年痴呆症的诱发因子。因此，平日里每餐只吃八分饱，可益智延寿，有益于大脑健康。

（2）饭吃八分饱可减少脂肪肝的发生

脂肪肝是仅次于病毒性肝炎的第二大疾病，是肝硬化的前奏，人之所以会患上脂肪肝，就是因为肝脏中脂肪增多。在日常生活中，导致脂肪肝的最大原因是每餐都吃得十分饱导致营养过剩。养成饭只吃八分饱的饮食习惯，可防止因营养过剩而出现脂肪肝。为了保护肝脏，年过四十的人最好每次吃饭只吃七八成饱。

（3）饭吃八分饱可延缓衰老

尽管肌体衰老是所有人必经的过程，但肌体衰老的时期和速度会受制于多种因素，营养就是其中至关重要的一种。人们为了维持生命，需从食物中获取各种营养物质，也就是所谓的能量。如果人体消耗的能量与摄取的能量能长期保持平衡，人体就会处于一种健康状态。如果人们长

期消耗的能量大于摄取的能量,则会出现体重减轻、身体消瘦、免疫功能下降等症状,且极易患疾病。反之,如果人们长期摄取的能量大于消耗的能量,则会导致人体内能量过剩,将出现脂肪堆积、身体超重,甚至因肥胖而患上各种慢性病。由此可见,能量过少或过多都会损害健康,加速人体衰老。

(4)饭吃八分饱有益于肠胃健康

科学研究表明,吃饭时吃到八分饱的感觉最舒服。因为这样不会增加胃的负担,还有益于血液在周身的平衡循环,而不只是集中在肠胃帮助其消化吸收。如果人们总是暴饮暴食、狂饮海吃,吃到十分饱,甚至十二分饱,势必会给肠胃造成严重的负担,加大肠胃的工作量,从而引起各种各样的肠胃病。

既然饭只吃八分饱有益于健康,那么怎样掌握八分饱的度呢?

吃到八分饱,就是感觉自己还能稍稍进一点儿食物时,立即停止进食,也就是比全饱稍微少吃一些东西。这必须依靠自己的感觉,掌握进食的量。因为每个人的饱胀感是不同的,有些人吃一点儿东西就感觉饱了,而有些人要吃很多东西才会感觉饱。吃饭时,可根据自己的长期经验,控制好食量,要在感到稍有饱胀感,自己还能吃的情况下停止进食。

需要指出的是,过度地节食,只会导致营养不良,使人体内维持营养代谢的物质缺乏,水电解质失去平衡,自主神经功能紊乱,甚至形成"厌食症"。患上"厌食症"的人,会对食物提不起兴趣,甚至看到食物就感到恶心,如此发展下去,只会导致心力衰竭而死亡。吃饭八分饱,一定要掌握好度,过少、过多都会给身体带来伤害。

因此,吃饭一定要把握好八分的"度",如果遇到喜欢吃的食物。吃得过饱,饭后半小时后一定要进行一些必要的运动,消耗掉多余的热量,防止其转化为脂肪。

9.坚持低盐饮食有益于健康

盐是百味之首,不仅是人们日常饮食中不可缺少的调味品,也是维持人体正常生理功能必不可少的物质之一。盐的主要成分是氯化钠,其中39%是钠,61%是氯化物。在人体中,盐可分解成钠离子和氯离子。钠离子具有维持人体全身血液容量和细胞渗透压力,维持神经与肌肉的正常兴奋和应激性,激活人体肌肉收缩等多种功能;而氯离子也可帮助人体调节体内的酸碱平衡,产生胃酸和激活淀粉酶。钠和氯对生命活动十分重要。

一直以来,由于传统饮食方法和其他原因,我国的饮食多是高盐饮食。高盐饮食对人体健康有百害而无一利,吃盐多的危害可谓很多。

(1)吃盐过多可致癌

食用过多的盐,易导致人体血容量增加,对血管壁的侧压力增加,导致血压增高,还会导致血管硬化。另外,人吃盐过多,极易产生口渴的感觉,需要喝大量的水来缓解。长期过量摄取水会导致人的身体水肿,同时还会增加肾脏的负担。

最重要的是吃盐过多易得胃癌。外国科学家曾对数万名男女的饮食习惯和身体情况进行调查研究,发现爱吃过咸食物的人患胃癌的概率是普通人的两倍。食用过多盐将导致患心脏病的风险增加。高盐食品还容易使人患上萎缩性胃炎,这是胃癌的前一阶段。

(2)吃盐过多可诱发多种儿童疾病

如果儿童摄入了太多的盐,对其生长发育极为不利。家长对儿童的饮食,不仅要从关注家庭一日三餐中是否盐超量,还要注意他们的零食中是否含有超量的钠盐。

儿童的各个器官比较娇嫩，吃太多的盐会影响儿童的器官发育，甚至还会引起儿童血压升高,对于以后的身心健康造成不可挽救的危害。因此，儿童的饮食应以清淡为主，太咸对身体有百害而无一益。

（3）吃盐过多可致猝死

吃盐过多可致猝死，这绝不是危言耸听。猝死已成为当代人的致命杀手。现代科学研究证实，猝死与高盐饮食密不可分。引起猝死的主要原因是心脏疾病，其中又以冠心病最为常见。食盐过量是导致人们患上心脏病的重要因素之一。

（4）吃盐过多导致肥胖

许多人可能想不到，吃盐太多还可导致肥胖。如今，胖子越来越多，这与高盐饮食密不可分。很多西餐快速食品不仅含有大量的糖分，还有十足的盐分，越来越多的孩子贪恋麦当劳、肯德基、比萨……然而现实情况是经常吃这些食物的孩子普遍体形偏胖，这都是盐分在作怪。

（5）高盐饮食导致高血压

调查发现，我国大部分地区城乡居民的每天食盐量已高达10克，有些地区甚至达15克，尤其是北方地区的居民食盐量更高。高盐饮食会通过提高人体交感神经张力而使人体外周血管阻力增加，从而引起高血压。

要防治高血压，合理膳食非常必要，其中低盐饮食最为关键。许多人做菜放盐多已成为习惯，顺手就是一勺。想一想，这一勺盐下去，损害的将是自己和家人的健康呀！因此，炒菜放盐时，下手要有数，少盐的饮食才有利于健康。

人们除控制做菜的放盐量外，还要做到低盐饮食，要坚持下面几点。一是尽量少食用腌制品，如榨菜、泡菜、咸菜、咸肉、咸蛋等食品。二是尽量远离那些加工食品。加工食品在制作过程中，往往会加入一些调料和盐，使人在不知不觉中就吃多盐了。三是在做饭过程中，要限制使用调味品，少放酱油、味精等。其实，我们还可买低钠盐。这种盐含钠少，但口味不淡，非常适合口味重的人食用。另外，在做菜时，可集中放盐，将盐直接放在菜上，既减少了盐量又不改变菜的味道。

坚持低盐饮食，有利于人体健康。我们既要吃出美味，同时更要吃出健康。

10.控制食油量有益于健康

许多人炒菜都喜欢多放油。其实，高油脂的膳食与许多疾病密切相关，特别是油脂摄入量多而体力活动少的人，患各种慢性疾病的机会将大大增多。

（1）多油饮食易阻塞动脉

人体摄入过多的油脂，剩余的脂肪可在动脉管壁上沉积下来，使血管狭窄，甚至阻塞，进而引起心、脑、肾等重要脏器的功能发生障碍，严重时还可使人发生心肌梗死、脑梗死等。摄入过多的油脂，还可导致肥胖、Ⅱ型糖尿病、高血压、高脂血症等代谢性疾病。

（2）多油饮食加重胆囊负担

为了消化脂肪，胆囊需要分泌大量的胆汁，从而增加胆囊和肝脏患病的机会。研究表明，在细菌的作用下，肠道中的某些有致癌、促癌作用的二级胆酸即胆汁的代谢产物显著地增加了，从而使肠癌的发病风险也随之增加。

（3）多油饮食易引发癌症

医学研究发现，结肠癌、乳腺癌、前列腺癌等癌症与饮食中多油脂有着直接或间接的关系。因此，一些国家的食品药物管理局甚至建议食品生产商在食品标签上写上"饮食中脂肪总量低可减少罹患结肠癌、乳腺癌、前列腺癌的风险"的字样。

专家提倡人们，成年人每人每天对油的摄取量最好不要超过25克，否则就会产生危害。其实无论是从营养成分上，还是口味、色泽、味道等方面，这25克油均可以满足人们的需求。我们日常做饭，一定要考虑既定的油量。如果你确实很难改变多年用油多的习惯，可在用餐时协调好油多的菜和清淡的菜的搭配，或者用糖醋、椒盐等烹调手段调节油的摄入量。另外，不妨改用不粘炊具。不粘炊具炒菜时不易粘锅，可减少食用油的用量，同时还可保证油温不会过高，减少破坏食物中的营养成分，烹饪过程中产生的油烟也较少。

当然，我们还要学会选油。烹调用油，最好选择较多不饱和脂肪酸的油，如大豆油、玉米油、红花子油、葵花子油、橄榄油、花生油等。

欧阳修说："以自然之道，养自然之生，不自戕贼夭阏，而尽其天年，比自古圣智之所同也。"总之，要想有一个健康的体魄，就要从少食油开始。

11. 吃饭尽量做到细嚼慢咽

人们都知道细嚼慢咽对身体有好处，可是有些人吃饭总是匆匆忙忙，好像有事催着似的，填到嘴里的饭菜不仔细咀嚼，囫囵吞枣地咽下去了。殊不知吃得慌，咽得忙，伤了胃口害了肠。

不经过仔细咀嚼的食物，一方面还没浸透唾液，另一方面，胃还没来得及分泌出足够的胃液来消化食物。可是食物既然来了，胃只好接受了。为了消化还没嚼烂或没有嚼透的食物，可怜的胃不得不分泌出比一般的情况下多得多的含有盐酸和酶的消化液来完成这一艰巨任务。日复一日地这样工作，胃就会因胃酸过多而患胃炎，之后还有可能患胃溃疡。

所以，如果你不想患胃炎和胃溃疡等疾病，那就要把食物在嘴里多嚼几下，吞咽不能太快。如果一口饭能嚼 30 下，嚼到没东西可吞咽的地步，胃肠道疾病就不会光顾你。细细咀嚼不仅对消化有好处，还是一种很好的面部体操，有养颜美容之功效。

印度的瑜伽信奉者有一种说法：不仅硬食物要细细咀嚼，即使是软食羹、饮料、水等，都要细细地咀嚼。在他们看来，食物和饮料经过长时间的咀嚼，会对身体更有益。

口腔神经具有某种反馈作用，当我们细嚼慢咽时，这一神经就有时间向大脑反馈吃饱了的信息，让我们停止进食。吞咽太快，不让食物充分地刺激口腔的感觉神经，"饥饿"的中枢神经就得不到相应的抑制，大脑就得不到吃饱了的信息，即使吃了很多还不感觉饱，还要继续吃下去，久而久之，人就胖了。

有些人吃饭狼吞虎咽，速度极快，食物进入身体之后，胃就不得不超负荷地工作。即使这样，食物还是不能充分被消化，身体吸收不到足够的养分，体质会越来越弱。所以，健康谚语说："若要身体壮，饭菜嚼成浆。"

经过细嚼的食物，能扩大与肠壁的接触面积，消化液也能够充分发挥作用，从而使肠壁广泛地吸收食物中的养分。

细嚼慢咽还可以引起胃液和其他消化腺分泌增多，为食物进入胃肠后被充分吸收做好准备，从而减轻胃的负担，胃就能细致地消化食物，把营养输送到身体的各个部位。

另外，细嚼慢咽还有许多好处。

（1）洁齿防龋

细嚼对牙龈有按摩作用，能提高牙龈的抗病能力。细嚼时，分泌的唾液对牙齿表面进行冲洗，能减少龋齿的发生。粗嚼快咽，进餐速度过快，

很容易咬伤舌头、腮帮，损害口腔、牙齿和牙床，甚至引起口腔溃疡。

（2）帮助消化

细细咀嚼，可以把食物磨得极细，这样的食物进入胃肠后，营养易于吸收。狼吞虎咽吃进去的食物，食物的营养不仅难以吸收，而且还增加了胃肠道的负担，引起胃肠道疾病。

（3）健脑益智

研究表明，咀嚼能牵动面部肌肉，促进头部血液循环。用多普勒颅脑超声波观察发现，大脑血流量在咀嚼时可增加20.7%。因此，三餐中多点豆类、动物骨头等耐嚼食品，不但健脑，还能帮助增长智力。

（4）解毒防癌

在咀嚼时，口腔内会分泌出大量唾液，科学家将唾液放到黄曲霉毒素、亚硝基化合物等强致癌物以及烟油、肉类烧焦物、焦谷氨酸钠等可以致癌物中，结果发现，唾液可使这些致癌物在半分钟内完全消失。此外，唾液对某些食品添加剂的毒性有明显的解毒作用。

（5）减肥美容

在一般情况下，肥胖者的进食速度比瘦人快，咀嚼吞咽的次数也比瘦人少。所以，要想无痛苦减肥，只要在吃东西时多嚼几下就可以了。在咀嚼过程中，面部血液供应量加大，表情肌协调有规律地活动，可使面色红润光泽，有弹性，减少皱纹。

一个细小的改变有时会让你的生活产生很大的变化。你不需要从头做起，只要在平常的一日三餐中稍微改变一下细节，你就改变了生活的质量。

第十章 平衡人生压力的策略

人的一生中很难彻底摆脱学习压力、工作压力、生活压力。人人都有压力,无论是感受压力,还是应对压力,都需要一种有效的平衡策略。本章内容向读者阐述了平衡人生压力的一些原则和策略。

1.宁静是心灵的永恒归宿

英国哲学家罗素说:"在一个充满威胁、变化无常的世界里,能够保持心灵的宁静,也许是人类最大的骄傲。"宁静,拓展了生命的广度,加深了生命的内涵。只有在宁静的滋养下,人们才可以找回自我,提升自我。追求心灵的宁静是人生永恒的话题,也是人生哲学中最根本和最重要的事情。

宁静,是减轻人生压力、平衡人生重心的法宝。那么,怎样才能做到宁静,让我们的人生过得充实,过得幸福呢?以下几种生活方式值得学习。

(1)淡泊以明志,宁静以致远

诸葛亮早年不得志,不为时局所屈,故结庐于襄阳城西隆中山中隐居待时。诸葛亮在隆中潜心耕读,精研时势,结交名流,他自比春秋时期卓越的政治家管仲和杰出的军事家乐毅,被世人誉为"卧龙"。后来他辅佐刘备,建立卓越之功。诸葛亮在著名的《诫子书》中说:"君子的品行,以安静努力提高自己的修养,以节俭努力培养自己的品德。不恬淡寡欲就不能显现出自己的志向,不宁静安稳就不能达到远大的目标。"从此,

人生失去平衡怎么办

"淡泊明志，宁静致远"就成了君子修身养性的准则。

非淡泊无以明志，非宁静无以致远。诸葛亮是何等的人物，竟说出了如此睿智的话语？想一想，在兵车辚辚、军旗猎猎的戎马倥偬中，在白骨蔽野、血流漂橹的征战杀伐中，尚存以宁静求致远的深思，真是难得。生活在现代的我们，有没有在氤氲宁静的氛围中放飞自己的心灵？

唐代王维有诗云："人闲桂花落，夜静春山空。月出惊山鸟，时鸣春涧中。"读后掩卷遐思，仿佛置身于月华初照的桂林中，耳边万籁俱寂，唯鸟鸣啾啾，桂花闲落，一派禅趣盎然。我们在如画的诗中放逐灵魂，让它奔腾在遥远深邃的遐想中。苏东坡说王维的诗，诗中有画，画中有诗。岂止是这些？禅趣，沉寂，空漠，淡远，全从王维的诗境中流露出来。万流归一，宁静是最大的主题。

宁静带给我们多少奇幻的遐想？宁静，听起来是那么的富于诗意！我们的思想在宁静中升华，抛弃了尘埃，变得清澈剔透。我们的灵魂在宁静中获取了自由，肆意翱翔，全无拘束。

现代的人都有这样的梦想，希望待在没有汽车和水泥的地方，如小溪畔、青山侧、夜月下、纱窗前，或沏一杯香茗，或执一柄钓竿，或披一身箬笠，或秉一支蜡烛，或揽一卷诗书，跳出尘世，回首往昔，瞻望未来，与自己相对，与自然神遇，真正体验一番"天人合一"的境界。然而值得悲哀的是，这么简单的事情竟被冠以"梦想"的字眼。可是，那又有什么办法？我们的空间已被汽笛声和钢筋混凝土充斥和占领，我们像是战争中的俘虏，被锁在森严的监狱中无处可逃。于是，宁静成了稀罕的名词。

我们需要掌声和鲜花来满足我们的虚荣，我们需要激情和冲动来丰沛我们的感情，然而我们忽略了，盛筵过后，人去席空，空虚落寞的感觉袭来，恐怕难以招架。掌声和激情能有多少储存在我们的心中？一切都不过是过眼烟云，又犹如昙花一现，匆匆间便把失落和绝望丢给我们。

唯有宁静能拯救我们。宁静拓展了生命的广度，加深了生命的内涵。我们只有在宁静的滋养下才可以找回自我，提升自我。在宁静中，我们问一问自己，最近一段时日可曾过得充实？有没有空虚得像是失掉了自己？是不是对前途没有信心，被忧郁和痛苦笼罩？宁静还可以凝聚思念，把我们人生的友谊延长到无限的宇宙意识上。

宁静给了我们一个从容广阔的精神世界，让我们的神思可以和先人交汇，获取心灵上的顿悟。宁静给了我们一双翅膀，载着我们的思想、灵感、感悟、情思一起飞翔，翱翔在广袤无垠的天空、深不可测的海洋。

（2）随性独处，静观自我

总是有人感叹那无根的飘零、无由的躁动、诱惑的世俗。拥有独处，才会给漂泊的心寻到一个诗意的栖息地，让浮躁的心有沉稳的归宿，把世俗的心涤洗干净，让它远离红尘。独处是美丽的，就好像人生漫漫旅途中一座心灵驿站。北宋初年有位叫林逋的诗人，他喜欢种梅养鹤，远避人世。这个人喜欢独处，不与人接触，把自己的心交给白梅青鹤、疏桐浅池，写出好诗文。"疏影横斜水清浅，暗香浮动月黄昏。"这是多么细微而丰富的境界！在黄昏的月光中，在水波荡漾的小池畔，独对疏梅，忘却浮云，夜色静谧，心得永恒。

现在生活的节奏加快，竞争压力过大，使得我们整天疲惫不堪。工作占据了我们的大部分时间，剥夺了我们读书、听音乐、郊游的权利。我们不能屈服于烦琐的生活，而应该坚持自己的个性，尽力寻找独处的机会。

随性独处是一种简单而专注的情调，它不是枯燥乏味的，而是充满了盎然的情趣、氤氲的陶醉，洋溢出轻松洒脱。那是一种完全属于自我享受的氛围，缓慢的，懒散的，就像释迦牟尼独坐在菩提树下冥思数天而得涅槃一样，在独处的世界里大彻大悟，找到心灵适得其所的归宿。

我们在独处中可以静观自我，可以在不断的自省过程中寻找到真实的

自我，否定前我。在我们独处的时候，可以宁静地和自己的内心进行对话，避免漂浮于尘世，在冷静地剖析自我的基础上，升华自己。人生的成熟就是一步一步不断升华的过程。

独处可以是随意的，随时随地都可以进行，不必刻意地去寻找这样的机会。也许你会在寻找的过程中错过一个又一个的独处的机会。或许就是一个偶然，你竟放下了匆忙的身影，静静地走进属于自己的空间，随手拿起自己喜欢的一本书，把收音机调到自己喜欢的那个频道，然后肆意地将身心放逐。瞬间，你也许会感到生命的永恒在于宁静地思索，也许你会感到充实的人生就是自由地飞翔，也许……

独处，没有人打扰，没有人干涉，独享宁静，把一切繁忙琐事全都抛开，只沉浸在自己的世界中，卸去所有的羁绊，不必掩饰，不必约束，不必警惕。独处时，自己就是自己，或许享受，或许痛楚，却总在滋润着生命。

独自漫步于朝霞满天的湖畔，看水天相接处的粼粼波光，耳畔有小鸟的鸣啾，还有淙淙的水声；孑然驻足于晚霞缤纷的海边，望着横无际涯的壮阔的波澜，听大海的潮声。是啊，碧海潮涨潮落，给了我们多少澎湃不已的心情？我们在浩渺的天地宇宙中，感受到了自我那沧海一粟的渺小。

人在独处的时候并不寂寞，因为那是一种精神的充分自由，是一种心灵的淋漓释放。独处，可以在融洽过去与现在的默契中，参透人生的本色，完成一次精神的解脱、心灵的释放、生命的体验。

独处还是一种沉思。当你厌倦了尘世的浮华和喧嚣，厌倦了人与人之间的虚伪与狡诈，你可以选择独处，为你开辟了一个只有自己存在的空间，你可以放弃很多无所谓的应酬，你不必为了短暂的虚假的情谊而牺牲自己的时间。这样你可以放弃很多根本没有必要的烦恼和忧虑，简简单单地做自己，把自己放飞在无拘无束的空间。

虽然独处很容易的，但对一些人来说却似乎很难。他们没有决心作出舍弃的决定，而是在渴望和羡慕而又得不到痛苦中让自己沉沦。不是别人从我们这里夺走了我们的自由，而是我们不能在现实中给自己留一份自由！

（3）亲近自然，亲近生灵

亲近自然就是拯救自我。我们是大自然的孩子，亲近大自然，大自然会启发我们。花草、鱼虫、风雨雷电、阴晴明晦、四时之变、春花秋月、江河湖海……无不给予我们生命的启迪，让我们的生活如沐春风。做大自然的孩子，就要把心交给它。那样，它也会把心交给我们。

自然中的生灵和人是可以相亲相爱的。有一个作家，为了躲避城市的喧嚣，隐居在山村。那里山多，一座连一座，望不到尽头。山上有高耸的崖壁，还有茂密的森林。一到天黑，便有哗哗的响声，那是野外飞倦了的鹰回归巢穴。进山，对于作家来说有无穷的乐趣，这里没有城市喧闹的噪声，只有千奇百怪的小生灵。全身棕褐色绒毛的软软的小松鼠、探头探脑的猪獾等都成了作家的朋友。那段快乐的时光永远深藏在作家的记忆中，作家和小松鼠、猪獾是如此的接近。它们把作家当成朋友，作家也把它们当成朋友，作家和那些小生灵都走进了对方的心灵。

贴近自然生灵，才能感知生命的本真，寻找到人生活平衡点。

（4）星夜静坐，参悟宇宙

当自己一个人的时候，舍弃喧嚣的尘世，独坐到天井里，仰头张望那满天的繁星。星空里繁星点点，像晶莹的泪花。那不是因为苦痛的泪，而是感动的泪，感动这夜的静谧、云的轻逸、月的光华，感动自己舍得时间跟星空对话。清风来了，给烦闷的夏夜带来了情趣，繁星张开如冰的眼瞳，笑看人间的归寂。人间太喧闹了，只有这一刻才回归宁静，静得只听得见蟋蟀不停地弹奏如诗的歌声。待到一切都无声了，群星之间

也相互示意：看，人间是这样美！

我们没有被现代化的科技所操纵，还能自己做主在宁静的夜里不去追逐所谓的时尚生活，而是把自己的心灵放逐，放逐在深邃悠远的夜空。

天上有很多星，每一颗都绝不雷同。恒星始终保持一副文静的样子，一动不动的，永恒地向夜空散发出无穷无尽的光辉，没有疲倦，只有久久的相守。流星以那短暂的绽放照亮整个夜空，不遗余力地展示自我，然后默默谢去，不再留有丝毫的痕迹。它那一秒的激情的燃烧把夜空划破，成就一弧绝美的冲刺，留给我们永恒的感动！

抬头仰望的人一定翩然欲仙，心同宇宙。宇宙浩渺，个人不过是一粒浮尘，同这满天的繁星，是何等的相似！我们走人生的路，是如恒星般沉静，踏踏实实地度过呢？还是如流星一般，迸发短暂而灿烂的光辉？两者似乎都是美丽的选择，无论哪一个，都会拥有一个有价值的人生。因此，我们不要鄙视恒星的平凡，也不要鄙视流星的短暂，只要值得，不必在乎什么形式。

每个人都有自己的星空，心有多大，星星就有多亮，有的人星光闪耀，点点照亮了心灵的每一个角落。有的人却处处阴霾，遮住了原本闪耀的繁星，他们累了、倦了，他们心中的星星便不会发出熠熠的光来。

在凡人眼中，星空有什么特别之处呢？尤其是现代都市中的人，谁会在意星空的美好呢？其实，星空恰恰包含了参透宇宙的奥秘，人们可以在星空中寻找自己的影子，领悟自己的心灵，摒弃尘世的滋扰和喧闹，让自己的心灵融入到夜空中去，体味宇宙的浩渺和人类的渺小。这种深深的宇宙情怀是值得我们认真领悟的。

（5）尝试简单的生活

什么样的生活是简单的生活？比如，穿衣服以黑配白，这就是最好的方式。何必迷醉于赤橙黄绿、绚丽斑斓的衣着？鲜亮的色彩固然惹眼，却会蛊惑我们的心灵，让疲惫空虚袭来，让我们难以招架。黑与白虽然少了炫耀的资本，但给人的感觉却是简洁明快、踏实素朴。生活也是这样，没必要搞得色彩斑驳、眼花缭乱，只需简单的黑白相间，就足够赏心悦目了。

尝试简单，就是尝试一种别样的心情，尝试一种独特而蕴藉的旋律。不必在意得太多，只需坦坦朗朗地做个自我；不必在乎别人异样的眼光和议论，只需坦坦荡荡地走自己的路，远离让人疲惫和厌烦的阴霾。如果真的这样做了，你就会觉得天每天都是蓝的，蓝得明净、纯粹、舒畅，生活就会成为欢乐之海。简单的生活，其实是不简单的追求。

过简单的生活，要有闲适的心情。闲适的心情，没有深奥的定义，只是随着自己的心情挥洒。简单生活就是这样一种感觉，心随着自己的感受行走，营造一个属于自我的世界，忘怀一切身外的羁绊，只依自己的心情，只依一时的美好的冲动。

简单的内涵在于抛却杂念，直指目标。在生活中，我们没必要有太多的顾虑，顾虑太多会加重我们的心情，影响我们的情绪，导致恶劣的结果。其实，我们的生活应该更快乐，更自信。

简单更是一门人生哲学，需要有大智慧，需要有大舍弃。智慧会让我们的人生快乐充实，舍弃会让我们生活得轻松无羁。不要顾忌舍弃而拒绝简单的生活。我们应该尝试简单的生活！

（6）家庭港湾，寄托心灵

家是亲情的纽带，怎么扯也扯不断，千丝万缕地交织在一起，相互滋润，相互安慰，相互扶助。家是停泊的港湾，可以遮风挡雨，可以放纵心神。只有家可以让我们停止流浪，可以安顿我们疲惫的心灵。

人生若舟，爱情若楫，亲情若水，家则是港湾。人生若舟，浮在水中，漂泊不定，不知哪里是归宿，也不知哪里是终程。爱情若楫，推波

助澜，激荡涟漪，这是永恒的主题，只是暗藏旋涡，终有疲顿。亲情若水，载舟千里，涵养楫桨，一味地奉献，一味地劳苦。家若港湾，休养舟楫，只有永久的呵护，没有丝毫的冷漠，没有一丁点儿的疲倦，收容漂泊的灵魂。

（7）时时自省，完善自我

人非圣贤，孰能无过。道德高尚的孔子还要告诫自己："吾日三省吾身。"自己是一个什么样的人？自己有没有这样那样的过失？怎样提高自己的修养？怎样净化自己的心灵？我们每天都要有独处的时候，好好地反省自己。

如果一个人真能做到解剖自己，把自己认识得清清楚楚的，那就很了不起了。希腊有个神庙，上面写着："人，认识你自己！"从古至今，人类从没有放弃过对于自己的研究。

自省是自我的发觉，也是自我的救赎，是让自己的心灵有个寄托，不至于漂泊流浪。时时自省，还可以完善自己的人格操守。人格操守是一个人安身立命的根本。谁要是不注重人格的操守，他的人生也就失去了任何意义。

（8）模仿英雄，追求理想

雅阁在其经典之作《帕迪亚·希腊文明中的理想人物》中所说："面临人生窘境，最有力的引导来自于早年英雄们的生活经验，来自教育中经常提到的那些模仿人物的历史定位。"现代精神病理学的试验表明，一个人倘若没有理想，没有一个可以效仿的英雄去追随，那么他就无法获得真正的、内在的安全和满足。

人们能够通过向那些理想人物看齐而得到精神上的养料。当人们的面前出现了一些理想人格或者理想的生活模式时，即便他们被剥夺了物质财富，他们也会产生令人难以置信的坚忍和勇敢，以其支撑他们的生活原则，保持住自己的内心品格和抗争精神。

英雄的精神力量是推动人类不断进步的不可或缺的因素，这也正是英雄的教育意义之所在。胸怀理想并向英雄看齐，是心灵走向永恒宁静的一条道路，这也正是世间所有励志类言论的终极指向。

2.你虽不完美，却是独一无二的

你虽然不是完美的，但却是独一无二的，是不可取代的。保持自己的本色，用自己的个人魅力吸引他人，征服他人，这是平衡人生压力的独特的个人优势和强大的心理力量。

被周围人喜欢的感觉是美好的、快乐的。要获得别人的认可和赞赏，必须符合他们的评价标准和审美情趣。在人际关系中，所谓众口难调，每个人都有自己的爱好和审美观，想要做到让每个人都满意，那几乎是不可能的。

比如，有人说女孩子天真活泼才可爱，活泼的女孩给人一种青春的活力；也有人说成熟的女性才迷人，成熟的女性能散发出一种独特的沉稳魅力……那么，一个女人到底应该保持天真可爱的性情，还是追求女性的成熟魅力？到底是保持自己的本色，还是去迎合别人的"口味"呢？每个人都希望得到他人的认可，希望得到他人的良好评价。然而，即使你努力去迎合所有的人，你也未必能获得所有人的欢心。因此，我们没有必要为了迎合他人而刻意地改变自己。比如，一个女孩找男朋友，为了迎合男朋友"喜欢文静的女孩"的心理，压抑自己好动的个性，假装成一个安静的淑女。过不了多久，她的本性就显露了，她感受到伪装的痛苦。

其实，人们的每一种个性都有他的可爱可贵之处，也都会找到欣赏他

的人。任何时候，我们都要做自己最快乐的事情。

杨柳从小就特别敏感而腼腆，她一直很胖，而她圆圆的脸使她看起来比实际还胖得多。杨柳的母亲很古板，她认为把衣服弄得漂亮是一件很愚蠢的事情。小时候，母亲总是对杨柳说："宽衣好穿，窄衣易破。"母亲总照这句话来帮她穿衣服。杨柳从来不和其他的孩子一起做室外活动，甚至不上体育课。她非常害羞，觉得自己和其他的人"不一样"，完全不讨人喜欢。长大之后，杨柳嫁给一个比她大好几岁的男人。她丈夫一家人都很好，都充满了自信。杨柳尽最大的努力要像他们一样，可是她做不到。杨柳变得紧张不安，躲开了所有的朋友，心情坏到了甚至怕听到门铃响。杨柳知道自己是一个失败者，她怕丈夫会发现这一点。所以每次他们出现在公共场合的时候，她都假装很开心，结果常常做得太过分，事后杨柳会为此难过好几天。最后，她不开心到了觉得再活下去也没有什么意思了，她甚至想自杀。有一次，有一个人问她的婆婆，怎么能教出个出色的孩子。婆婆回答："不要刻意去教，不管事情怎么样，我总会要求他们保持本色。""保持本色"，就是这句话让杨柳醒悟。在那一刹那间，杨柳终于发现自己之所以那么苦恼，是因为她一直在试着让自己去适应一个并不适合自己的模式。在一夜之间，杨柳改变了。她试着研究自己的个性、自己的优点，尽自己所能去学色彩和服饰方面的知识，尽量以适合自己的方式去穿衣服，主动地去交朋友。她每参与一次活动，都会给她的生活带来很大的鼓励。事实证明，周围的人很喜欢她。

在生活中，追求一个并不适合自己生活模式的人很难获得成功，也很难获得幸福。每个人都应该保持自己的本色，在顺其自然中充分发挥自己的聪明才智。每个人都有自己的特色，就像世界上没有相同的两片树叶那样，世界上也没有一模一样的两个人。特别是在现代社会，个性独特的人往往有更多的机会。

别人怎么看你，那是别人的想法，重要的是你要自己欣赏自己，不要盲目地模仿别人，适合别人的不一定适合自己，否则只会把你弄得像一个马戏团的小丑。你不妨告诉自己，"我就是我，没有比这更美好的了。我虽不是完美的，但我是独一无二的。无论如何，我只需做好我自己，做最好的自己就足够了"。当然，在纷纭的世界里，在复杂的人际关系中，要保持自己的本色也不是一件容易的事。

> 办公室里有个人一心一意想升官发财，可是从年轻熬到白发，却还只是个小职员。他为此极不快乐，每次想起来就掉泪，有一天竟然号啕大哭起来。办公室新来的年轻人觉得很奇怪，便问他到底因为什么难过。他说："我怎么能不难过？年轻的时候，我的上司爱好文学，我便学着作诗写文章。想不到刚有点儿小成绩，却又换了一位爱好科学的上司。我赶紧又改学数学，研究物理，不料上司嫌我学历太浅，不够老成，还是不重用我。后来换了现在这位上司，我自认文武兼备，人也老成了，谁知上司喜欢青年才俊。我眼看年龄渐高，就要退休了，还是一事无成，怎么能不难过呢？"

这个人的悲哀，源自于他对自己的不自信，他的脑海中满是"领导喜欢什么样的人，我就要做什么样的人"的想法，不断地效仿他人。

成语"邯郸学步"出自《庄子·秋水》，说的是有个燕国人听说邯郸人走路的姿势非常优美，便慕名前往去学习人家走路，结果没有学会人

家走路的姿势，反而把自己原先走路的样子给忘记了，最后只好爬着回来了。

学习和模仿在生活中固然是不可缺少的，但是在向他人学习和模仿的时候，一定要考虑自身的条件，要问问自己，适合别人的东西，是否同样适合自己。我们应当懂得，自己最吸引人的地方是什么，怎么样利用自己的特点让自己在人群之中显得出类拔萃。

3.改变对待命运的态度

一个人的命运难道真的是天注定的吗？为什么有的人天生就衣食无忧，有的人却是"穷人的孩子早当家"？为什么命运对有些人如此不公平？其实，一个人在改变对待命运的态度前，不太可能改变自己的命运。

我们的生活有很多不如意，好像命运老是跟我们对着干。有时候，我们想走左边，命运偏安排我们走右边；我们想到南方，命运偏让我们到北方。我们的生活处境变得越来越艰难，我们觉得自己就像造物主制造的一个玩物，生活已没有乐趣，只剩下苦闷和沮丧。这个时候，我们常常感到一丝不可言状的害怕，开始相信宿命，意志逐渐消沉。

> 有人问一个盲人："你看不到世界，不感到痛苦吗？"盲人说："和聋子比，我能听见；和瘫痪的人比，我能行动；和哑巴相比，我能说话。我不觉得自己痛苦，反而觉得很幸运。"

盲人的回答，反映出只要一个人心里亮堂，就不怕世界漆黑。这是个乐观的盲人，他的生活显然不是人们想象的那样痛苦。因为他能很清楚地认识到自己能听见、能行动、能说话，所以他觉得自己不但不感到痛苦，反而感到很幸运。

第十章 平衡人生压力的策略

有很多人觉得自己命运不济,生在一个贫困的家庭,跟同龄人比起来,自己一无所有,甚至生活都很艰难,虽然自己一再努力,也得不到预期的结果。于是,他不断地抱怨:"我的命怎么这么差?""为什么命运对我如此不公平?""这个苦日子什么时候才熬到头啊?"

其实,面对艰难困苦,影响我们心情和命运的不是外在环境,而是我们对待命运的态度。

有两个年龄差不多的兄弟,哥哥是城市里最顶尖的律师,弟弟却是监狱里的囚徒。一天,有记者去采访当律师的哥哥,问他成为如此优秀的律师的秘诀是什么。哥哥说:"我家住在贫民区,爸爸既赌博,又酗酒,不务正业;妈妈有精神病;弟弟还小。我不努力,能行吗?"

第二天,记者又去采访当囚徒的弟弟,问他失足的原因是什么。弟弟说:"我家住在贫民区,爸爸既赌博,又酗酒,不务正业;妈妈有精神病。没有人管我。我吃不饱,穿不暖,不去偷去抢,能行吗?"

同样的环境,但是兄弟俩的态度并不相同,他们的结果也不相同。可见,影响我们命运的不是环境,不是身高,不是文凭,不是出身,更不是腰包里有没有钱,而是我们对生活的态度。

一个人若是对什么事都提不起兴趣,整天无精打采,把自己困在一个小圈子里,责备自己,怨天尤人,那么,他的自信心就会下降,生活也会越来越失败。我们只有用积极向上的心态、饱满的热情去面对生活,我们才会对自己充满信心,才会生活得越来越好。

有一位女孩,不仅人长得漂亮,而且工作能力很强,性格开

朗大方，是个阳光型女孩。大家都以为她成长的经历肯定是一帆风顺的，因为看她似乎从来就没有遇到过什么难事。同时，大家都暗地里羡慕她，以为她出生在一个有权或是有钱的家庭。直到一次她生病住院了，她妈妈来照顾她时，大家才知道，她并不是大家想象的那样有一个良好的家庭环境。

在她刚开始工作那年，家财上亿的父亲生意破产了，相恋多年的男友也在得知此消息的第二天就弃她而去。在她最需要帮助的时候，男朋友的离去让她悲痛万分。"不就是看上你家的巨额财产才跟你在一块的吗？现在你爸破产了，没钱了，我还跟着你，有什么好处？难道你真的以为我是爱你才跟你在一块的吗？你真的太幼稚了！"男友的话一字一句地敲击她的耳鼓，她被击垮了。她原本以为男友是真心地爱她才和她在一起，她付出了自己最真挚的爱，真心实意地对待男友，却没有想到男友竟然欺骗了自己。感情受伤的她一度陷入低谷，甚至偷偷买了上百粒的安眠药准备自杀。

父亲看到意志日渐消沉的女儿，本来想来安慰她，却无意间看到她买的安眠药。在商场上拼搏多年从不哭泣的父亲流泪了，他不愿意因为自己的缘故而伤害到自己心爱的女儿。父亲对她说："每个人都应该为自己活着，而且要活得更好！要让离开你的人知道，他的离开是多么愚蠢。"

女孩被父亲的话惊醒了。从此她擦干眼泪，振作精神，决心活下去，而且要活得更精彩。正因为她选择了坚强地面对，她才从容地面对一切，越活越精神。

一个人，当他坚信自己会活得很好的时候，他一定会为此付出努力，而他也一定会过上理想中的生活。一个人的命运并不像有的人所说的那样，是"上天注定的"，而是由自己的头脑和双手决定的。

在心理学上，学者们把面对困难时人的态度分为两种类型：外控型和内控型。外控型的人认为，命运不是自己说了算，自己对一切事都无能为力。他们认为快乐和痛苦也不是自己能决定的，而是取决于别人或命运本身。所以他们对自身价值的判断和自己行动的选择在很大程度上依赖于别人的看法。这种人最容易失去人生的平衡。内控型的人则认为，自己身上发生的事，很大程度上取决于自己所做的决定和自己付出的努力，他们相信自己总是能够找到办法解决问题的，自己付出的努力与所得到的回报这两者之间是有联系的。同时，当他们不能决定已经发生的事情的时候，他们仍然可以决定是否让周围的环境来影响自己。这种人很容易建立自己的人生平衡。

我们应该做一个内控型的人，要坚信自己的命运掌握在自己的手中。我们要相信自己的处境是可以改变的。当我们遇到困难和曲折时，常常会抱怨命运的不公，可能会有"听天由命"的想法。有着这种想法，我们就可能错失很多的良机。伏尔泰曾经说过，"命运的主宰是人自己，而人自己的主宰是意志"。因此，当我们面临人生大大小小的考验时，应当全力以赴，以自己不屈的意志去迎接命运的挑战。绝不能被命运所左右，而要由自己去主宰自己的命运。

做内控型的人，就要坚持信念，付出自己的努力。一个人需要有信念，有了信念，就有了奋斗的目标，不管遇到什么样的挫折和困难，都会有百折不挠的勇气，经过艰苦的奋斗，最终一定会有所收获。例如，有的年轻人在经历了一次又一次的应聘失败之后，没有放弃自己的目标，而是总结经验教训，努力学习，终于找到了适合自己的工作。

做内控型的人，就要在遭受挫败的时候不断地为自己加油。在遭遇挫折的时候，有些人采取逃避、掩饰的态度，更有一些人是情绪沮丧、万念俱灰，完全向挫折低头。这种态度对自己是不利的。我们应该为自己

加油,冷静地分析产生挫折的原因,认真寻找摆脱困境的途径,千方百计地克服困难,勇敢地战胜挫折,这样才能重新迈开前进的步伐。

4.学会控制人生的天平

据说,萨班哲是当代土耳其的超级富豪,其庄园和产业几乎覆盖了土耳其大部分国土。土耳其大街上所有的丰田汽车,都是他家生产的;凡是有蓝底白字SA字母牌子的地方,都是他家的产业;凡是有蓝底白字SA字母商标的东西,都是他家的产品。在土耳其,SA的标志,触目皆是;萨班哲的名字,家喻户晓。

如此富有的人也有命运不济的地方,他的一儿一女两个孩子,都是残疾弱智。命运就像是和他开着残酷的玩笑,他却以为这其实就是生命给予的一种平衡,而不去怨天尤人。想到生命平衡的意义,他的心就自然平衡了。命运在一方面给予他别人无法企及的财富,在另一方面便给予他如此触目惊心的惩罚。他认为惩罚也可以变成回报,两者之间沟通的桥需要的就是生命的平衡力量。于是,他把富裕的钱不仅仅留给自己的两个孩子,还用它在伊斯坦布尔修建了一座残疾人的公园。公园里所有的器械都是为残疾人专门设计的,就连游乐场上的摇椅都有自动装置让残疾人不用离开轮椅而自动坐下站起。他希望以自己能够做到的事情来改善更多残疾人不如意的生活,从而使自己不如意的生活达到新的平衡。

年逾古稀的萨班哲对自己非常抠门。据说他一天只抽一支雪茄,上午和下午各半支;一天只喝一小杯威士忌,是在一天工作完,太阳下山之后坐下来喝。但到了该花钱的时候,他却一掷千金,如建残疾人公园。他在富有和贫穷、健全与残疾、得到与失去中寻找到了自己的平衡。

我们能够拥有萨班哲这种心态吗？我们能够拥有萨班哲这样自我平衡的力量吗？如果我们也一样拥有,我们在人生的旅途中就不会因为一时的得意而忘乎所以,也不会因一时的失意而绝望。我们要和萨班哲一样,在世事的跌宕中磨炼自己,在生命的平衡中体味人生的意义。

人的一生,从来不可能是"不是天堂,就是地狱",不是非此即彼的选择,而总是在这两者之间有一种平衡的力量。这样,我们的生命处于一种能量守恒状态中,对生活中所呈现出的极端事件不会得意忘形或惊慌失措。比如,有时候我们处于睡眠状态,有时候我们却处于亢奋状态;有时候我们如孔雀开屏般赢来四面叫好,有时候我们却如老鼠钻木箱一样两头挨堵;有时候我们需要涂抹甲紫,有时候我们却要搽上变色口红;有时候我们需要开塞露,有时候我们却需要润肤霜……生命就是在这样的阴阳契合、内外互补、得失兼备和相辅相成中达到平衡的。寻找这样的平衡,便会寻找到生活的艺术,寻找到生命和人生的意义。

人生来就握有等量的砝码,任你在人生的天平上摆放。当你选择一边上升的同时,必然选择了另一边的下沉,在选择获得的同时,一定会有失去。就像大款们开宝马、住套房、挥金如土,但无法享受平凡人的平淡悠闲;寻常百姓清贫自在,却永远不敢想象大款们的风风光光、富贵荣华。奋斗者找准目标,不懈地拼搏,蓦然回首,却发现成功的路上伤痕累累;享受者回首过往,每天有每天的精彩,放眼未来,却是一片茫然……人生的天平就是这样,要想一边上升,另一边必然下沉,得失总是相伴。综观人生,每个人所拥有的终归是等量的砝码,不同的是怎样摆放才能找到心灵的平衡。

自古以来,洁身明志的贤者为了保存心灵的一方净土,为了保存良知

第十章 平衡人生压力的策略

和骨气，他们不与强权者同流合污。面对"举世皆浊我独清，众人皆醉我独醒"的世道，屈原选择了以身殉道；陶渊明为了享有独立的人格，毅然辞官归隐，逃离名缰利锁；东林党人为了维护道义，挺身而出与阉党作殊死搏斗，把杀身视为等闲事……在仕途前程和精神信仰发生无可避免的巨大冲突时，他们选择了让功名下沉，让精神拔地飞升。因此，他们在那纷扰污浊的人世间四处碰壁……或许对于那些"聪明人"来说，这是跟自己闹别扭，找难受。然而他们永远无悔于自己的选择，因为他们求得了渴求的人生天平的平衡。

对于一些名利之徒来说，他们把人生天平的砝码放在"名利、权势、地位"一边。他们随波逐流，蝇营狗苟，扭曲自己，小心翼翼地攀爬着，以求更上一层楼。他们人生所求的莫过于"夸官亮职于市尘，衣锦还乡于故里"，他们渴求的是"春风得意马蹄疾"的感觉。他们在内心深处的人生天平上有一个泯灭良知的支点。

成功的人生不在于选择了高贵，失败的人生也不在于选择了卑微。高贵和卑微仅仅是相对于社会而言的。对于个人而言，只要当你在生命结束的那一刻回首往事时，你依旧对自己的选择不后悔，那么，你的人生便是成功的。因为你的人生天平得到了平衡。

5.相信自己作出的每一次选择

选择自己所爱的，爱自己所选择的！人生总要面临很多的选择。是学管理，还是学烹饪；是自己创业，还是继续打工；是选择我爱的人，还是选择爱我的人……在面对这些选项时，我们常常犹豫不决。每次选择，我们总希望自己是对的，总期盼最终的结果没有遗憾。然而凭我们的判断和阅历，很多时候我们都拿不定主意，举棋不定。我们常常这样想，"要是有个人给指条明路多好啊！"可是在我们的生活中，总是缺少那个给我们指路的人，什么都得我们自己去决定。因为我们对自己的决定常常产生怀疑，怕自己决策失误，所有没有心思努力去做。

那么，怎样才能做好人生中的每一个选择呢？

在一生中，每个人都会面对很多的选择。小的时候我们会选择和谁在一起玩；向父母要玩具时，我们只能选择一件；上学了，我们选择自己的学习方法；工作了，我们选择属于自己的处世方法。在人生的路上总会有很多的事情等着我们去作决策，不同的决策就会相应地产生不同的结果。

在大学毕业的时候，我们就面临着找工作还是继续考研的选择。找工作可以缓解父母的负担，自己能够走出校园，发挥并且锻炼自己的能力；读研则可以更多地充实自己的内涵，提高自己的学问层次，也会为以后找工作增加砝码。在找到工作后，我们还会面临各种选择。是选择一份自己感兴趣但薪水暂时不高的工作，还是选择一份自己没有激情但待遇不错的工作？在自己的感情世界里，我们也需要作出选择。是选择一份对方深爱自己但自己不太在意的爱情，还是选择一份自己深爱着对方但对方并不太在乎自己的爱情？是选择自己相中的真挚爱情，还是选择以物质利益为前提的婚姻？

在众多的选择面前，有些人迷惑了，拿捏不准自己的思路，不知道应该选择哪一个，才会有完美的结果。他们在迷惘不止的徘徊下，常常会失去更多的成功机会。

> 有一个人养了一头小毛驴，他每天向附近的农民买一堆草料来喂它。这天，送草的农民额外多送了一堆草料，放在旁边。于是，小毛驴站在两堆数量、质量和与它的距离完全相等的草料之间犯难了。它虽然享有充分的选择自由，但由于两堆草料价值相等，客观上无法分辨优劣，它只是左看看，右瞅瞅，始终也无法分清究竟选择哪一堆好。就这样，这头可怜的小毛驴站在原地，

第十章　平衡人生压力的策略

人生失去平衡怎么办

一会儿考虑两堆草料的数量，一会儿考虑两堆草料的质量，一会儿分析两堆草料的颜色，一会儿分析两堆草料的新鲜度，犹犹豫豫，来来回回，竟然在无所适从中活活地饿死了。

我们在生活里遇到的选择题，有的也许有正确的答案，有的也许根本就没有答案。因为不知道你的选择将要产生什么后果，前忧后怕，不敢作出选择，那就像那头小毛驴一样。

在我们每个人的生活中，很多决策对我们自己人生的成败得失关系都很大。任何选择，说到底都是一种利益的权衡，而我们在利益选择面前，经常会表现出患得患失的自然天性。思想上的犹豫，必然导致行为的迟疑。很多时候都是这样，你权衡再三，思前想后，精挑细选，最终作出了选择。可是，谁能够保证这个选择就是适合自己的最好选择？

其实，有的时候选择本身并不是最终结果，关键是在选择之后做了什么。

任何选择都是各有利弊，若在作出选择之后，仍然对其他选择的优势念念不忘，不能很好地面对自己已经作出的选择，那么，无论你做出什么样的选择，必然都会后悔，都会感觉到失落，感觉失去了生活的方向和目标，只能生活在懊悔的旋涡里。生活应该向前，我们每个人都应该为未来做点什么，而不是为过去感到遗憾。

一个人在一生中会有很多次选择。是选择丰富了人生，是选择让我们的人生与众不同，是选择让我们成为走向成功的人，是选择让我们体会酸甜苦辣。我们应该珍惜自己的选择。人生只有一次，我们要让我们的人生属于自己，而不是我们的人生由别人选择！

很多人喜欢对自己所作出的决定耿耿于怀："要是我当初不学这个专业就好了！""我真后悔这么快就嫁了人！""我当时要是选那个可能好一点儿！"我们既然选择了，何不更加洒脱一点儿。认真地对待你所选择的人和事，即使选择失误，也没什么可懊悔的，因为毕竟你曾经作过深刻的思考，毕竟这是你当初慎重的决定。任何人都不能保证自己的每一次选择都是正确的。要知道，无论你是如何的懊悔，过去的已经过去，生活还将继续。

人生就是选择，每个人的选择不同，便有了不同的人生。一种选择会是一种活法，一种选择会换回许多种体会。每个人有许多次选择，选择之后便不会再从头开始。作出的每一次选择，你也许会得到一些东西，也许会失去一些东西。无论选择对也好，错也罢，我们只能面对，面对自己人生的每一次选择。若能掬起一捧月光，我们选择最柔和的；若能采来红叶，我们选择最艳丽的；若能摘下星辰，我们选择最明亮的。也许有人会说这样的选择不是最好，但是我们相信自己的选择！

6.给匆忙的脚找到栖息地

这个世界太吵闹，太喧嚣。每当听到吵吵嚷嚷的声音，我们都想要逃避，想要找个安静的精神栖息地。有时候，我们甚至听到手机铃声响内心都会发抖。不是我们性格孤僻内向，而是我们太渴望宁静。我们害怕手机铃声响起，反感别人的追寻，"你在哪"三个字常常让我们感到恐惧，就像被跟踪了一样，让人紧张。社会喧嚣、脏乱，不知何处有让我们安宁的净土。我们觉得自己很累，却又无法摆脱。

很多人每天都在追求快乐，可是每天并不快乐。什么是快乐？快乐的源头应该是心境，是内心的安宁，有了心的安宁，才有种种快乐可言。很难设想一个终日担惊受怕、心事重重的人，一个满腹牢骚、愤愤不平的人，一个为情所困、辗转反侧的人，一个追名逐利、患得患失的人，他们在生活中还有多少快乐可言。

睿智的人在追求人生目标时，首先是追寻自我心灵的安宁。这是一种健康的生活态度。有这样一个让人敬佩的人，他悟出了这心宁心安之"道"，尽力保持心态的安稳、平宁，也就保持了清贫中的生命乐趣。

一次，这个人家里的卫生间房顶漏水了，不断地往下滴水。按道理讲，这应该是楼上邻居的责任。然而楼上的人家一听要出钱找人修补，便支支吾吾，极不爽快。虽然楼下的这个人收入并不高，但当他了解楼上那家邻居生活比自己还拮据时，便主动地提出修理费一家出一半。楼板漏水的问题很快得以解决，两家相安无事，还因此成了好邻居。有人说楼下这个人傻，明明不该出的钱出了。楼下这个人却不这样认为，因为受益者毕竟是自己，如果僵持着，必然陷入长期的纠纷与烦恼中，不得安宁了，这就算是用点儿小钱买个安宁舒畅吧！

在现代社会中，我们每个人不得不面对和承受各种压力。收入多少、职位高低、生活条件、工作环境等往往成了衡量一个人是否成功，是否实现了人生价值的标准，成了兄弟姐妹、亲朋好友、同学同事等评价优劣的标准。这些评价标准虽然有些偏颇，但却也反映了一种社会价值取向。

为了职位的升迁，有的人要拼命工作，还要曲意逢迎；为了获得更高的收入，有的人有时不得不隐藏自我，甚至违心去做一些事情。同时，人们还要承受各种各样的压力，比如，患病的压力，选择的压力。于是，人们有时哀叹"生不逢时"、"命运不济"，有时抱怨社会不公、处世艰难，有时苦闷、迷失自我，有时彷徨、身心疲惫。人们感到孤独，内心充满了焦躁和不安。

其实，更多的时候，我们需要停下来，寻找一个静静的地方好好地思考，深深地体味。该失去的就轻轻地放手，不想放弃的就忍一忍，坚持下去，需要作出抉择：哪些该放？哪些该收？

人人都希望过上幸福、快乐的生活，其实幸福、快乐只是一种感觉，与贫富无关，同内心相连。在《论语》中，孔夫子告诉他的学生应该如何去寻找生活中的快乐。

子贡曾经问老师孔子说："贫而无谄，富而无骄，何如？"意思是说，假如一个人很贫穷，但他不向富人谄媚；一个人很富贵，但他不傲气凌人。这种人怎么样？孔子说，这种人很不错，但还不够，还有一个更高的境界，叫做"贫而乐，富而好礼者也"。更高的境界是，一个人不仅安于贫贱，不仅不谄媚求人，而且他的内心有一种清纯的欢乐。这种欢乐不会被贫困的生活所剥夺。一个人也不会因为富贵而骄奢，他依然是快乐富足、彬彬有礼的君子。

所以，有时候我们该停住匆忙的脚步，让思想沉淀，把思绪理清，抛下会拖累我们前行的情感和思想。你会发现，这种暂停会让我们在未来走得更快、更轻松，会让我们的目标更清晰。

7.提高适应能力，减轻心理压力

在这个激烈竞争的社会，我们就像不知疲倦的老牛，后面拉着沉重的犁头，埋头耕田，不敢有丝毫的怠慢，稍微停下来歇息一下，就会遭到身后的皮鞭鞭打。这皮鞭其实来自我们的内心！

我们害怕被社会淘汰，害怕因为自己的怠慢而失去现在的生活，所以我们一直煎熬着。上学的时候，我们最大的烦恼是学习压力；工作后，我们最大的烦恼是工作压力。因为我们要不停地跟别人比，要超越别人，所以我们承受着无法承受的压力，真的担心自己哪一天会崩溃。"人活着怎么这么累啊？"这是我们的心声。难道一辈子就这样紧张兮兮地过下去？

现代社会瞬息万变，生活节奏日益加快，这就给我们在人生道路上的

第十章 平衡人生压力的策略

打拼带来了前所未有的压力。对未来的期待，对工作的执著，对自己近乎完美的苛求……这些无不困扰着我们，从而使很多人陷入巨大的压力旋涡而不能自拔。

我们经常都会听到周围的亲朋好友发出诸如此类的抱怨："竞争太激烈，工作压力太大，有时甚至超出了我的承受范围！""我工作非常努力，却没有回报，领导总是'语重心长'地要我再努力一点儿！""同事之间有竞争，我和同事的关系老是搞不好，年年评不上单位的先进工作者！""我厌倦了原先的那份工作，想换个更好的单位和环境，可又没有那个能耐！"事实的确如此。现在的社会是一个"压力的社会"，种种压力使我们的人生变成了"压力人生"。

人们每天背负着很多的压力，除了在上班期间争分夺秒地用心工作之外，更是不放过任何业余的时间，连双休日、节假日也用来加班，或是参加一些集训班给自己充电。虽然这些都是积极的表现，但任何事情都不能太过头，有些事情需要我们量力而行。适当的压力是推动我们前进的动力，但过大的压力就会变成我们前进的阻力。我们只有适当地学会放松，心情放松了，工作效率才能提高，才能达到事半功倍的效果。

适度的压力能使人挑战自我、挖掘潜力、提高效率、激起创造性。不良的压力，不管其来源是什么，都会引起焦虑、沮丧、发怒等后果，造成各种生理和心理疾病，影响我们的情绪和生活。那么，我们应该如何缓解工作压力呢？下面是一些有效的方法，你不妨试一试。

（1）善于整体规划

有选择地而不是被动地接受所面临的各种事情，能使人感到轻松很多。最好的办法就是根据事情的轻重缓急作出规划，列出清单。这样既有一个整体规划，又能帮着将看似无绪的一堆问题分解成若干具体的小事，一件件应付起来就容易多了，完成一件，就在清单上画去一件。这样做带来的成就感足以鼓舞你将这一做法继续下去。

（2）把压力倾吐出来

把自己的痛苦和烦恼倾吐出来，把消极的情绪释放出来，这是一种很好的缓解压力的办法。你可以找一个和自己经历比较接近的知心朋友谈一谈你的苦恼，听取一些来自他人的建议。最好不要把工作的压力告诉自己的父母，因为可能他们的生活环境、工作环境和你的情况差别很大，帮不上什么忙，只会给家人增加烦恼。当然更不能把工作中的坏情绪带回家里，因为工作已经很乱，再把家里搞乱，那可是雪上加霜了。

（3）不要忘了休息

过重的劳动会导致人身心疲劳、效率低下，从而导致过分的焦急与紧张。适时地放松一下，会对身心有益处。好好地睡一觉，比较轻的忧虑和不快，通常通过一个充足踏实的睡眠就可能消失。另外，抽出时间运动一下，这也是调剂心情的良方。参加某项自己喜欢的体育活动，或是旅游，看自己喜欢的书和电视节目，或干脆休假，放松一段时间，眼不见，心不烦。适当的休息可以缓解大脑疲劳，放松一下紧张的心情，减轻心中的压力。周末应好好地休息一下，毕竟工作不是生活的全部。

总之，你要记住，不要总是把自己逼得很紧张。一张一弛，文武之道。在紧张的生活中，我们要学会放松自己的神经，知道什么时候该加油，什么时候该休息，休息是为了走更远的路。

8.得到的越多，其实失去的越多

欲望太多，所以很累。欲壑填满了，精神却空了。从小到大，我们一直告诉自己：别人有的，我也一定要有；别人能做到的，我也一定要做到！

可是，当我们成年后效仿家产万贯的人一掷千金的时候，或者当自己与行业专家对峙的时候，我们突然感觉到自己心有余而力不足，才渐渐地明白，自己的要强其实是一种虚荣。

我们承认自己的虚荣心很强，却又改变不了自己，因为我们不想让别人小瞧了。因此，我们总把自己弄得疲惫不堪。这种"得到"与"失去"的生活，真的是我们自己想要的吗？

一条鲫鱼顺着鱼饵的香味游过来，向鱼饵看了一下，心想："真不错，是块美味的东西！"然而鲫鱼没有因此而放松警惕，因为它记得不少同伴就是贪食鱼饵而断送了性命。"不能吃，这准是鱼饵！"鲫鱼赶紧游开了。可是鲫鱼无法抵御鱼饵那香味的诱惑，过了一会儿，又游到这个鱼饵旁边。它又对鱼饵进行了一番研究和观察："不行，绝不能上当！这块东西一定是鱼饵！"鲫鱼警告自己，随即又游开了。鲫鱼游了不远，心里老记挂着这块鲜美的食物，不一会儿，又游回来了。它再一次对这块使它垂涎的食物进行仔细的观察和分析："也许危险不会太大。"它用尾巴投石问路似的碰了一下鱼饵。鱼饵在水中荡了几下，又垂挂在那儿纹丝不动了。"看来问题不大，是我多虑了。"它在鱼饵旁转来转去。"上帝保佑！让我冒险一次，仅仅这一次，说不定一点儿危险也没有……"钓竿一提，鲫鱼上钩了。

在生活中，我们无法抗拒外来的诱惑，内心的贪恋总是不自觉地滋生。吃自助餐的时候，即使吃不了，也要把碗里装得满满的；得到了爱人的情感，不去珍惜，却更进一步希望得到对方全部的爱；得到了朋友的帮助，不仅不存感激，还贪婪地看着别人手中更多的钱财；做错了事情，侥幸没有受到惩罚，继续做更多的错事。

第十章 平衡人生压力的策略

有一位女孩，买手机时总是挑最时尚的。一款新手机没用几个月，市场上就出现了更流行的款式，她就接着买新的，把不用的手机拿到二手市场便宜地卖掉。对时尚的追求令她欲罢不能，几年里换了很多部手机。有一次，她感慨万千地说，不断地换手机使她损失了上万元，而她现在用的手机还不是最新的款式。

另外有一个女孩，她和男友在结婚前买了一套新房，房子面积不大，只有80多平方米，房子装修也很简单，没花多少钱。她的父母则要求男方买大一点儿的房子，豪华装修，否则不同意女儿办结婚证。女孩却站在婆家的立场，反对自己父母的要求。她说对于她和男友的收入来说，这样的面积和装修是合理的。低收入的他们必须有节制地消费，有计划地还房款，何况他们每月都要寄一些生活费孝敬父母。女孩说她对新房感到很满足，她不羡慕自己的女同学们嫁了有钱人，更不在乎房子的面积是否够大，装修是否够漂亮。如果在自己和男友的能力范围外去追求"豪华"的生活，她会一辈子都不快乐，因为现在的他们背负不起那样的压力。

后面这个女孩是一个聪明的人，她懂得自己需要什么，不需要什么。最难能可贵的是，她能对虚荣说"不"。生活中又有多少人被欲望吸引着越走越远，越走越找不到快乐呢？

人生就像爬一座山，本来是到山顶看风景的。如果身上背负着各种各样欲望的包袱，那么欲望越多越爬不上去，别说险峰上的无限风光无缘尽览，就连欣赏沿途景色的快乐心情也荡然无存。

在现实中，我们很少去想自己已有的东西，往往竭尽全力去追寻得不

到的东西，好像那里有幸福和快乐等着我们，而恰恰在力不从心的追寻过程中，我们忽视了眼下的快乐。要知道，珍惜自己的、冷观他人的也是不错的生活态度。虚荣并不会让你得到更多，甚至让你原本拥有的也会失去。因此，不要让无穷的贪欲侵蚀了你的心。

9.平衡的财富观是人生大智慧

财富是个人人生成功的一个重要标志，也是社会地位和社会尊重的象征。市场经济体制的确立和发展，为财富提供了崭新的定义，赋予财富与以往迥然不同的内涵，也刷新了人们对财富的认识和期待。平衡的财富观是人生最大的智慧。

现代社会的人们对财富的心态是非常复杂的，渗透了历史的和现实的多重因素。才能、付出和机遇的差异，决定着一个人创造财富与占有财富的不同量和不同心态。有的人对创造财富充满信心，对占有财富表现出强烈的欲望，对占有财富常怀敬仰、羡慕之心；有的人对自己创造财富的能力与机会表现出疑惑和失意，对占有财富的人心怀嫉恨之意。这主要是源于每个人不同的财富观。

以前，一提到富人，人们总会想象他们贪婪、剥削、作威作福、为富不仁的丑恶面孔。人们总是把财富与私人占有紧密地联系在一起。财富就像臭豆腐一样，"闻起来臭，吃起来香"。当下，传统的财富观在市场经济的大潮中受到冲击，财富的衡量标准日益单一化、物质化。很多人在按照当下的成功标准打造自己，每天都会不由自主地去炒股票，追求房子、车子，而文学、艺术则成为明日黄花。也有人因为当前的生活压力而心灰意冷，朝九晚五之后便是抓紧时间纵情地享乐，宣泄自己的情绪。

我们很遗憾地发现，在我们追逐物质财富的过程中，焦虑在增多，幸福感在下降。我们如何才能心安呢？其实，平衡的财富观可以促成物质利益的压力和精神诉求之间的平衡。毋庸置疑，人生理想的状态是物质财富与精神财富的全面拥有。没有物质基础的精神难免尴尬于清贫，没有精神映衬的物质基础则不免庸俗。精神总是建立在一定的物质基础之上的，基础是否牢固则取决于人心。

在现实社会中，有的人有一种仇富心理。山西煤老板们的奢华生活吸引着人们的眼球，过着纸醉金迷生活的煤老板们也成为一些犯罪分子勒索、绑架、诈骗的对象，煤老板过着一种"富有而恐惧"的生活。

有些专家也认同"仇富"的合理性。其实，在任何时代和任何民族，对财富的眼红都是一种必然心态，只是人们往往会自觉地找到平衡这种心态的理由。比如，把这种富人拥有财富理解成对方付出了巨大代价和艰苦努力，祖辈经过打拼的遗荫，等等。然而一旦对方致富的因由不能令自己信服，或者认为对方致富付出的成本太过低廉，那种不公平感就会升级到仇视，仇富心理也就产生了。

当代中国的一些富豪尤其是像煤老板这样的富豪，他们为成为富豪而付出的成本异常的低廉，他们的发家往往与"暴富"联系在一起，是社会资源分配机制极端不平衡、公平机制极端不健全使这些人在极短的时间内暴富起来。与煤老板们的暴富形成强烈对比的是，一部分社会群体由于社会公平机制的不健全而日益穷困，有的甚至是因为暴富者对这部分人的权利直接践踏所造成的。

贫富差距急剧扩大，在超过一定程度之后，社会的仇富心理也就急剧膨胀起来。中国的许多富人只用财富来提高自己的地位，而没有用任何道德精神对其穷奢极欲进行制约。中国的许多富人在富起来之后，首先是通过摆阔甚至是斗富来获取世人的艳羡，却从来不对穷人进行捐助，只是大肆挥霍财富。不但如此，中国的许多富人还会借助于财富而带来的便利对穷人进行直接或者变相的欺压。这当然会使社会上的许多穷人不可避免地产生仇富心理。

第十章 平衡人生压力的策略

在仇富心理的作用下,一定不会有一个积极健康的财富观。不可否认,财富是人们人生追求的一个重要的目标。有了财富,人们的生活也会变得更好,人们也可以有更多的选择。这是人生的大智慧。

在社会当今机制尚不健全,社会资源分配尚严重失衡的现实社会中,人们必须更好地树立财富观,实现心理的平衡和健康。

正确的财富观包括正确地认识金钱,正确地使用金钱,不藏富,不炫富,不仇富,不崇富,人人平等。金钱则需要通过个人的努力工作与奋斗去获得,有了金钱以后要善于使用金钱,使金钱创造更大的价值。

"君子爱财,取之有道。"我们必须对财富有一个正确的认识。只有这样,我们才能懂得如何获得财富,合理地使用财富,从容地驾驭财富,而不是被财富左右,真正成为财富的主人。